绿水青山就是金山银山理念
的生动实践

——生态综合补偿试点典型案例汇编

童章舜 主编

中国林业出版社
China Forestry Publishing House

U0215330

图书在版编目（CIP）数据

绿水青山就是金山银山理念的生动实践：生态综合
补偿试点典型案例汇编 / 童章舜主编. -- 北京：中国
林业出版社, 2023.5

ISBN 978-7-5219-2172-4

Ⅰ. ①绿… Ⅱ. ①童… Ⅲ. ①生态环境—补偿机制—
研究—中国 Ⅳ. ①X321.2

中国国家版本馆CIP数据核字(2023)第056008号

策划编辑：孙瑶
责任编辑：孙瑶
装帧设计：刘临川

出版发行：中国林业出版社
　　　　　（100009，北京市西城区刘海胡同7号，电话83143629）
电子邮箱：cfphzbs@163.com
网址：www.forestry.gov.cn/lycb.html
印刷：北京博海升彩色印刷有限公司
版次：2023年5月第1版
印次：2023年5月第1次印刷
开本：787mm×1092mm　1/16
印张：10.75
字数：223千字
定价：98.00元

绿水青山就是金山银山理念的生动实践

——生态综合补偿试点典型案例汇编

编委会

主　　编：童章舜

副 主 编：苟护生　王心同

编写人员：（按姓氏笔画排序）

丁永顺	习延宾	王才君	王建新	王梅玲	王琦茗	尹　力
邓　超	冯　昊	尼玛扎西	达瓦尼玛	则翁多吉	刘正祥	刘　兵
刘　通	次旦多吉	许　兰	李华友	李勇军	杨志平	杨艳莉
何　春	邹　涤	辛生强	汪志鹏	宋元媛	张志宏	张丽珍
张建虎	张福寿	陈　铸	范世会	林秀凤	林　峰	周扎西
周　夷	周笑冬	周熙然	周毅津	赵国栋	赵晟晖	姜富华
姚　团	袁振伦	袁　浩	索筠博	高慧颖	郭永忠	黄　飞
黄　莉	覃法制	景　峰	焦　毅	谢飞勇	鲍得乾	窦　皓
蔡秋升	嘎　让	廖丽心	翟建军	戴　珺		

preface

序　言

党的二十大报告明确提出要完善生态保护补偿制度。健全生态保护补偿机制、推动生态综合补偿工作是贯彻落实党的二十大精神，建设生态文明的重要举措。近年来，按照党中央、国务院的部署和要求，为推动健全我国生态保护补偿机制，提高补偿资金使用效益，加大对生态保护主体的补偿力度，2019年国家发展和改革委员会（以下简称国家发展改革委）会同有关部门启动实施生态综合补偿试点。在安徽、福建、江西、海南、四川、贵州、云南、西藏、甘肃、青海等10个省（自治区）的50个试点县探索生态综合补偿的有效方式，提出创新森林生态效益补偿制度、推进建立流域上下游生态补偿制度、发展生态优势特色产业、推动生态保护补偿工作制度化等4项试点任务。

三年来，在党中央、国务院的坚强领导下，国家发展改革委与10省（自治区）精心组织、共同推进，试点区广大干部群众锐意创新、攻坚克难，推动试点工作取得了一定成效，积累了一批可供复制推广的经验。为系统总结试点经验和成效，我们会同试点地区认真梳理在生态保护补偿机制建设方面开展的有益探索和实践，既包括长期以来坚持不懈推进的制度化成果，又包括近年来开展的创新性探索，整理形成了《绿水青山就是金山银山理念的生动实践——生态综合补偿试点典型案例汇编》。案例汇编分为两篇，第一篇是各省（自治区）试点总结报告，从试点任务的4个方面总结生态综合补偿工作的做法和成效。第二篇是试点县的典型案例，收集整理了地方在生态综合补偿实践中探索出的好模式、好做法。

生态综合补偿工作是一项全新的工作，仍处于起步探索阶段，我们会同有关方面编制的案例汇编，旨在为开展生态综合补偿提供借鉴和参考，鼓励有关地方积极探索生态综合补偿的有效形式，切实提升补偿资金的使用效益，进一步增强生态保护补偿政策的有效性和针对性，继而为全国开展生态综合补偿工作奠定坚实基础。

在本书编写过程中，财政部、自然资源部、生态环境部、水利部、农业农村部、文化和旅游部、林业和草原局等有关部门及国家开发银行、中国国际工程咨询有限公司给予了大力支持，在此一并表示感谢。

编者

2023年2月

目 录

序 言

第一篇 生态综合补偿试点工作总结 / 9

安徽省生态综合补偿试点工作总结报告 / 10

福建省生态综合补偿试点工作总结报告 / 13

江西省生态综合补偿试点工作总结报告 / 16

海南省生态综合补偿试点工作总结报告 / 19

四川省生态综合补偿试点工作总结报告 / 22

贵州省生态综合补偿试点工作总结报告 / 25

云南省生态综合补偿试点工作总结报告 / 28

西藏自治区生态综合补偿试点工作总结报告 / 31

甘肃省生态综合补偿试点工作总结报告 / 33

青海省生态综合补偿试点工作总结报告 / 36

第二篇 生态综合补偿试点典型案例 / 39

第一章 强化森林效益补偿 营林护林齐保青山 / 40

江西省婺源县创新森林生态保护补偿机制 / 41

海南省琼中黎族苗族自治县实施森林生态效益差异化补偿制度 / 46

贵州省荔波县创新生态护林员管理机制 / 52

云南省维西傈僳族自治县加强生态护林员队伍建设 / 56

第二章 上游下游共护清水 支流干流携手治江 / 60

安徽省探路大别山区流域生态保护补偿 / 61

福建省实现重点流域生态保护补偿全覆盖 / 65

江西省铜鼓县构建修河流域横向生态保护补偿 / 69

海南省昌江黎族自治县构建昌化江流域横向生态保护补偿 / 74

海南省保亭黎族苗族自治县建立赤田水库流域横向生态保护补偿机制 / 79

contents

甘肃省肃南裕固族自治县探索内陆河流域生态保护补偿 / 82

第三章　创新纵向补偿机制　践行绿色发展理念 / 86

福建省探索武夷山国家公园生态保护补偿机制建设 / 87

安徽省岳西县开展鹞落坪国家级自然保护区生态保护补偿 / 93

四川省若尔盖县在湿地核心区开展生态保护补偿 / 99

青海省泽库县全面落实草原生态保护补偿 / 104

第四章　打造农牧特色品牌　推进产业转型发展 / 107

福建省武夷山市积极推动"三茶"统筹创新发展 / 108

四川省白玉县做强绿色农牧产业园 / 112

云南省贡山独龙族怒族自治县建设草果和中蜂两个"百里绿色经济带" / 117

西藏自治区隆子县打造黑青稞产业生态化模式 / 121

青海省玉树市推动打造绿色有机品牌 / 125

第五章　生态优势助推文旅　资源禀赋全民共享 / 130

江西省井冈山市红色旅游反哺绿色生态 / 131

贵州省江口县实现生态补偿与全域旅游共赢 / 137

西藏自治区嘉黎县全域旅游驱动发展转型 / 141

第六章　先行先试勇于探索　多措并举谱写新篇 / 144

海南省出台全国首部省级生态保护补偿条例 / 145

安徽省休宁县创新打造生态美超市 / 148

福建省泰宁县积极开发森林经营碳汇 / 151

青海省天峻县推动清洁能源产业向高质量发展 / 156

附录1　国家发展改革委《关于印发〈生态综合补偿试点方案〉的通知》/ 160

附录2　国家发展改革委《关于印发生态综合补偿试点县名单的通知》/ 166

附录3　国家发展改革委《关于生态综合补偿试点工作总结的报告》/ 168

part

one

绿水青山就是金山银山理念的生动实践

——生态综合补偿试点典型案例汇编

第一篇
一

生态综合补偿试点
工作总结

安徽省生态综合补偿试点工作总结报告

自生态综合补偿试点工作开展以来，在国家发展改革委的指导支持下，安徽省坚持"绿水青山就是金山银山"理念，全面总结推广新安江流域生态保护补偿机制试点经验，先行先试、改革创新、压实责任，不断完善试点县生态保护补偿机制，提高生态补偿资金使用整体效益，推动试点工作取得积极进展。

一、创新森林生态效益补偿制度

一是强化森林资源保护。安徽省是全国首个林长制改革示范区，各试点县均出台了林长制改革工作方案，加强林业生态保护修复，强化资源多效利用，激发林业发展动力。2021年，5个试点县国家级公益林和省级公益林管护合格面积达742.2万亩[*]，共发放森林公益林补偿资金11 761.3万元。

二是科学发展林下经济。合理利用林地资源，打造大别山（金寨县、岳西县）中药材种植与林产品采集加工、皖南山区（休宁县、石台县、歙县）林产品采集加工与森林康养旅游的林下经济示范片。

三是完善森林生态效益补偿资金使用方式。各试点县通过发放集体和个人天然商品林停伐管护补助资金和森林生态效益补偿资金，聘用生态护林员，加强生态管护。金寨县探索"林光互补"型生态补偿模式，引导原建档立卡贫困

---

[*]1亩≈666.7平方米。以下同。

户通过发展"板下经济"获得生产性收益。

二、推进建立流域上下游生态补偿制度

一是推进流域上下游横向生态保护补偿。安徽省16个市均建立市级地表水断面生态补偿机制，各试点县积极推进流域"双向补偿"模式，将县域内跨界断面和出县境断面全部纳入补偿范围。休宁县、歙县签署制定了《新安江上下游横向生态补偿联合监测作业指导书》，为新安江流域水污染防治和生态补偿考核提供准确可靠的技术支撑。

二是完善重点流域跨界断面监测网络。各试点县不断提升水资源监测信息化水平，对重点企业、污水处理厂、排污管网的排污口实施不间断监控，提高县域河流的水质监管能力。

三是探索建立资金补偿外的多元化合作方式。实施形式多样的旅游合作，杭黄世界级自然生态和文化旅游廊道、杭黄毗邻区块（淳安县、歙县）生态文化旅游合作先行区启动建设。探索开展园区合作，杭黄绿色产业园挂牌成立。金寨县与合肥市通过对口协作、产业转移、人才培训等方式不断完善大别山区水环境生态补偿机制。

三、发展生态优势特色产业

试点县坚持"生态立县、工业强县、文旅兴县"，把推进生态产业作为促进经济高质量发展的重要抓手。

一是加快发展特色种养业和农产品加工业。试点县依托深山林区独特气候资源，大力发展农产品、茶叶、中药材、高山蔬菜、食用菌等作物种植和加工。金寨县综合推进中药材、农产品、食用菌、茶叶种植，岳西县重点发展大健康产业，休宁县重点发展"两茶一花一鱼"等特色乡土产业，歙县打造茶叶和菊花全产业链经济，石台县致力打造原生态富硒产业集群，建设富硒茶园及硒产品加工园区。

二是加快发展特色文旅产业。各试点县依托各自的资源禀赋，创新旅

游业态。休宁县和歙县依托黄山顶级优质资源，重点打造休闲度假、医养康养、文化体验等文旅产业。金寨县依托生态、文化、红色资源优势，大力发展乡村旅游和红色旅游。岳西县大力推进全域旅游示范区创建。石台县利用生态优势发展乡村旅游，打造乡村休闲度假产品。

三是支持龙头企业发挥引领示范作用。试点县大力培育新型经营主体，试点以来，新增省级 34 家林业产业化龙头企业、18 家农民林业专业合作社示范社、13 家示范家庭林场。

四、推动生态保护补偿工作制度化

各试点县围绕试点任务，出台一系列健全生态保护补偿机制的规范性文件。歙县制定政策推动新安江上下游在资源、资金、人才等多领域开展合作。休宁县制定政策将项目储备库建设情况作为生态补偿资金安排的重要依据。金寨县制定一系列健全森林、水流生态保护补偿机制的规范性文件。岳西县出台办法建立生态环境司法保护联动机制，印发《岳西县地表水断面生态补偿试行办法》，在全省率先建立县域内地表水生态补偿机制。石台县制定推进生态保护与产业融合发展的规范性文件。

福建省生态综合补偿试点工作总结报告

福建省始终坚持和贯彻"绿水青山就是金山银山"理念，积极推动生态综合补偿试点工作。试点期间，福建省积极组织科学编制生态综合补偿试点方案，推动各试点县以创新生态保护补偿机制为重点，以统筹各方资源参与生态保护为核心，以推动绿色循环低碳发展为途径，持续完善政策制度、抓好关键领域、推行绩效挂钩、推进环境权益交易。各试点县生态环境质量常年保持全优，生态综合补偿试点工作取得了阶段性成效。

一、强化顶层设计，推动生态保护补偿工作制度化

各试点县均成立了由县委、县政府主要领导担任组长的工作领导小组或联席会议制度，省、市、县协同推进方案实施、任务落实、项目统筹、体制创新，努力打造"绿水青山就是金山银山"实践样板。泰宁县制定自然保护区、森林公园、闽江流域生态保护等方面系列办法。寿宁县围绕充分发挥生态资源审判庭的作用制定出台相关政策。永泰县出台重点生态区位商品林赎买方案，率先成立福建省首个"水资源保护巡回审判点"。武夷山市制定出台关于武夷山国家公园生态补偿机制、重点区位商品林赎买收储等方面政策文件。华安县制定综合性生态保护补偿、公益林补偿等资金相关管理政策。

二、深化林业改革，完善森林生态保护补偿机制

一是科学制定林业补助标准。完善公益林补偿标准，2019 年起，实行分类分档补助。实施天然林停伐管护补助。

二是全面推行林长制。实施护林员网格化管理制度，明确森林生态保护责任主体。多地发挥林长制平台作用，探索建立"林长＋检察长""林长＋法院长""一林一警"等协作机制，联合开展林业行政执法工作。泰宁县在全省范围内率先成立县级林长制工作专门机构，构建全域覆盖的林长制责任体系。

三是探索森林多种经营。开展重点生态区位商品林赎买改革试点，实现"社会得绿、林农得利"双赢。科学发展林下经济，泰宁县鼓励引导种植铁皮石斛、多花黄精、油茶等林下经济产业。武夷山市建立林下经济项目库，推动全市林下经济产业规模化。寿宁县实施林下经济培育发展工程，2020 年以来，实现林下经济总产值 1 亿多元。

四是探索开发林业碳汇项目。泰宁县以林业碳汇交易试点县为契机，积极融入林业碳汇交易市场，开发森林经营碳汇项目 7.4 万吨，2020 年在海峡股权交易中心挂牌上市。

三、加强统筹推进，创新流域生态保护补偿制度

一是提早谋划，全省统筹。2003 年，在全国率先启动九龙江流域上下游生态补偿试点。2015 年，制定出台《福建省重点流域生态补偿办法》。2017 年，对重点流域生态补偿办法进行修订，建立了覆盖全省 12 条主要流域的生态补偿长效机制。2018 年以来累计投入重点流域生态补偿资金约44.7 亿元。

二是责任共担，长效运行。在主要流域生态补偿金筹措上，采取"省里支持一块、市县集中一块"的办法。

三是分类补偿，差异实施。按照水环境质量（权重70%）、森林生态（权

重 20%）和用水总量控制（权重 10%）三类因素统筹分配补偿资金，其中将水质指标作为补偿资金分配的最主要因素。

四、立足资源禀赋，优化生态优势特色产业体系

一是发展生态特色农业。泰宁县逐步形成以制种、岩茶、乌凤鸡、渔业为重点的特色现代农业；武夷山市推动茶产业高质量发展；寿宁县以特色白茶为发展突破口；永泰县提升李梅、油茶、茶叶、高山蔬菜、林竹等种植业发展水平，大力发展林下种植中草药等。

二是健全绿色工业体系。近年来，福建省加快建立健全绿色工业体系。永泰县以智慧信息产业园建设为契机，培育区块链孵化器，构建区块链产业生态。寿宁县大力实施产业培优计划，形成工业新材料、汽摩装备、文旅康养为主导的"3+N"产业体系。泰宁县探索生态环保导向的竹木精深加工生产模式，建立竹制品专业园区和木制品专业集中区，2021 年，规模以上企业竹木加工产业实现产值 12.92 亿元。

三是壮大生态旅游产业。泰宁县大力发展文旅康养产业，打造"三际三园一夜游"等精品项目；武夷山市推动茶旅融合发展，推出八条茶旅融合线路，建设生命健康中心、东方养心谷等一批综合体项目；寿宁县以下党学习小镇为示范，不断提升特色小镇品质内涵；永泰县加强古庄寨、古民居、传统村落修复保护，全面打响"永泰自然来"旅游品牌；华安县推进文旅融合全域生态旅游发展。

江西省生态综合补偿试点工作总结报告

根据生态综合补偿试点方案要求，江西省组织石城县、井冈山市、资溪县、铜鼓县、婺源县扎实有序开展生态综合补偿试点，着重从强化工作机制、引导模式探索、指导平台建设、推进项目实施等方面着手，全力推进试点工作。试点期间，江西省在抓好省级层面试点任务探索的基础上，切实引导试点地区在森林生态效益补偿、流域上下游横向生态补偿、发展壮大优势生态产业方等方面先行先试，积极探索有效经验和模式。

一、创新森林生态效益补偿制度

江西省是南方重点林区，长期重视森林生态效益补偿工作，全省公益林等生态补偿工作取得了新进展。

一是完善森林生态效益补偿机制，出台一系列政策文件。

二是扩大补偿范围。截至 2021 年年底，全省纳入补偿范围的森林面积达到 8 352 万亩，占全省林地面积的 52%。

三是加大资金补偿力度。"十三五"期间，中央和省级财政累计安排公益林等补偿资金达 95.85 亿元，较"十二五"翻了一番。

四是探索生态价值转化通道。积极打造森林旅游，连续三年成功举办江西森林旅游节。成功举办两届"鄱阳湖国际观鸟周"活动，进一步提升江西省生态品牌的影响力。积极打造生态文化品牌，白鹤被确定为"省鸟"，成为江西省生态文明建设的又一重要标志。

二、推进建立流域上下游生态补偿制度

江西省建立了覆盖全省所有 100 个市县的纵向流域补偿机制。

一是覆盖全境,在全国率先建立全流域生态补偿机制。2015 年年底,江西省出台了《江西省流域生态补偿办法(试行)》,在全国率先建立全流域生态补偿机制,补偿范围涵盖了全省所有的市县。2018 年,江西省政府印发了《江西省流域生态补偿办法》。

二是健全跨省流域生态补偿机制,注重"分级负担"。签订江西—广东东江流域横向生态保护补偿协议,并落实两轮补偿资金 30 亿元,切实保障了东江流域出境考核断面水质按月稳定在Ⅲ类以上,水质达标率100%。签订江西—湖南渌水流域横向生态保护补偿协议,每年补偿资金达1 200 万元。

三是完善省内横向流域补偿机制,注重"奖补考评"。2019 年江西出台办法,明确由省财政统筹资金鼓励和引导各县(市、区)之间签订流域上下游横向生态保护补偿协议,截至 2021 年年底,省财政已落实省级奖补资金 9.97 亿元。

三、发展生态优势特色产业

江西省立足绿色生态这个最大财富、最大优势、最大品牌,加快打通"两山"转化通道。

一是建立健全生态产品价值实现机制。在全国率先出台生态产品价值实现机制实施方案,制定实施生态系统生产总值核算技术规范、"两山银行"运行管理规范等省级地方标准,积极打造"江西绿色生态"区域公用品牌。资溪县"两山银行"建设经验加快推行,中国南方生态产品交易平台上线运行,在全国率先启动"湿地银行"试点。全省绿色贷款余额达 3 609 亿元,同比增长 39.5%,"古屋贷""畜禽洁养贷"等改革经验在全国推广。

二是加快推进生态产业化。大力发展生态农业，创新推出"赣鄱正品"全域认证品牌，"两品一标"农产品数量达 3 894 个，农产品抽检合格率稳定在 98% 以上。高标准打造现代林业产业示范省，林业经济总产值突破5 500 亿元。大力发展中医药、大健康、生态旅游等产业，加快推进中国（南昌）中医药科创城、宜春市"生态＋"大健康试点、上饶国家中医药旅游示范区建设，全省旅游接待总人次、总收入分别增长 32.9%、10.7%。

四、推动生态保护补偿工作制度化

试点地区结合区域情况，积极探索建立生态保护补偿工作的长效化制度机制。石城县制定《生态类资金整合管理使用办法》。井冈山市制定办法科学设立和建立自然保护区考核指标体系补偿资金与考核相挂钩的机制，促进自然保护区可持续发展。资溪县出台《资溪县综合性生态保护补偿资金管理办法（试行）》，充分发挥财政资金"四两拨千斤"的引导作用，撬动金融资本、民间资本和社会资本参与生态保护补偿，加快构建多元化的投入机制。婺源县出台制度，积极推进生态保护补偿工作制度化和长效化。铜鼓县制定政策重点推进森林生态效益补偿常态化、制度化。

海南省生态综合补偿试点工作总结报告

近年来，在国家发展改革委的大力支持下，海南省按照《生态综合补偿试点方案》要求，围绕提高资金使用效益、增强地区造血能力、提升保护者参与度、建立综合补偿机制的工作目标，着重在森林生态效益创新、流域上下游生态保护补偿、生态优势特色产业发展、补偿工作制度化建立等方面，科学指导、统筹推动试点县生态综合补偿工作，取得积极成效。

一、创新森林生态效益补偿制度

通过提高森林生态效益补偿资金使用效益、优化森林管理、大力发展林下经济等方式，推动生态综合补偿试点工作。在提升补偿资金使用效益方面，五指山市和昌江县根据本地实际，在增加资金体量、提高资金靶向性等方面做出了诸多探索，创新确立以森林生态资源和环境质量保护的实际效果作为考核因素，将村民的保护行为与补偿资金进行有效衔接。在优化森林管理方式方面，采取了设置专职管理机构体系加强组织领导，完善管护制度，加强制度保障，创新管护手段，提高管护水平等措施。运用信息化手段对试点县重点区域进行实时监测的同时，探索建立了省级护林员网络化管理平台，利用现代新技术对护林员进行监督和管理，提高了对全省护林员的管理效率和管理水平。随着创新森林生态效益补偿制度工作的推进，试点县的天然林资源得到有效保护，森林质量和生态功能明显增强，生物多样性保护成果显著。

二、推进建立流域上下游生态保护补偿制度

不断优化完善流域上下游生态保护补偿制度，印发了《海南省流域上下游生态保护补偿实施方案》，完善了水质考核目标、增加了水量考核因素、优化了补偿资金核算及省级奖励机制，扩大了流域上下游生态保护补偿实施范围，加快形成"资源共享、成本共担、联防共治、互利共赢"的流域生态保护和治理长效机制。以赤田水库为切入点，创新流域上下游生态保护补偿机制，出台《赤田水库流域生态补偿机制创新试点工作方案》。在资金和项目支持上，通过拓展多领域资金用于支持生态综合补偿试点工作，推进试点县重点项目实施，以试点县为重点在全省开展水生生物资源增殖放流、非法水产养殖清退等工作，一方面通过落实养殖水域滩涂规划，明确水产养殖禁养区、限养区和养殖区界限范围及管控要求，合理规划水产养殖布局，开展禁养区非法水产养殖清退工作；另一方面，采取发展现代化海洋牧场、发展绿色水产养殖业等方式，合理规划水产养殖布局，促进水产养殖业绿色发展和转型升级。

三、推动生态优势特色产业发展

试点市县充分运用资源禀赋，以积极打造区域品牌为重点推动生态产业发展。五指山市以"五指山红茶"带动本地茶叶产业发展，全市茶叶种植面积从原来 3 000 亩左右，发展到目前超过万亩。琼中黎族苗族自治县以"琼中绿橙"为优势产品，建设了一批绿色优质种养基地，打造了一批特色农产品品牌，推进集约化经营管理，引导多种经营模式，绿橙、橡胶等已成为琼中支柱产业。白沙黎族自治县创新实施橡胶产业"三统一"与"双保险"项目，以金融手段保障橡胶产品价格、稳定胶农收入，2019—2021 年胶农年户均增收 3 000 元，2021 年橡胶交易额达 4.5 亿元；琼中黎

族苗族自治县坚持"生态立县"战略，加强森林保护，加大对森林生态环境保护与修复力度。

四、生态保护补偿工作制度化进展

2021 年 1 月 1 日，海南省率先实施《海南省生态保护补偿条例》（以下简称《条例》）。在《条例》提供的法律支撑下，海南省逐步建立健全生态保护补偿机制；在《条例》的引领下，海南生态保护补偿工作的制度化进程加快。在省级层面构建厅级联席会议制度，制定《海南省生态保护补偿 2021—2022 年度工作计划》，提出海南生态保护补偿重点任务，有序推进生态保护补偿工作。各试点县根据《条例》和《生态综合补偿试点方案》要求出台相应的规范性文件。针对流域上下游生态保护补偿制度实施过程中水量价值未得到充分体现的问题，五指山市印发了《五指山市探索建立水权制度试点实施方案》等。

四川省生态综合补偿试点工作总结报告

近年来，在国家发展改革委的关心支持下，四川省认真践行"绿水青山就是金山银山"理念，坚定不移走生态优先、绿色发展之路，坚持先易后难、重点突破、试点先行、稳妥推进，将生态综合补偿试点工作作为建立健全生态保护补偿机制、推进生态文明建设的重要抓手，写入了《四川省国民经济和社会发展第十四个五年规划和二〇三五年远景目标纲要》和《四川省黄河流域生态保护与高质量发展规划》《川西北生态示范区"十四五"发展规划》等专项规划以及 2020 年、2021 年、2022 年四川省委深化改革委员会年度改革任务台账，推动试点工作取得积极成效。

一、创新森林生态效益补偿取得积极成效

省级层面，2019—2022 年累计落实中央和省级公益林生态效益补偿资金近 60 亿元，分别对国有林、国家级集体和个人所有公益林、省级集体和个人所有公益林进行保护补偿，既有效保护了森林资源，又增加了林农补偿性收入，对脱贫、奔康、致富起到了积极作用。聚焦长江、黄河流域上游川西北生态示范区建设，综合考虑生态补偿基础、生态价值实现、改革创新举措、差异化特色等因素，着眼山青民富，严格落实森林生态效益补偿，进一步激发了区域老百姓增绿、护绿的积极性。

二、逐步建立健全流域上下游生态保护补偿机制

省级层面，先后出台《四川省"三江"流域水环境生态补偿办法（试行）》《四川省"三江"流域省界断面水环境生态补偿办法（试行）》等文件，建立健全了沱江、岷江、嘉陵江、安宁河等省内跨区流域横向生态保护补偿机制和川滇黔赤水河、川渝长江、川甘黄河等跨省流域横向生态保护补偿机制。各试点县坚持互利共赢，协同推动流域上下游生态补偿。

三、加快形成生态优势特色产业

把项目作为试点工作的重要支撑，以产业园区基础设施建设、生态旅游业发展、特色种养业等领域为重点，推动"输血式"补偿方式向"造血式"补偿方式转变。加快建设一批对区域经济社会发展具有较强支撑带动作用的项目，形成综合示范效应，助推发展方式转变，增强自我发展能力。汶川县坚持因地制宜，大力发展生态林业、林下养殖、林旅融合等产业。白玉县持续推进"金沙林海"生态大县建设，推进农牧民变"生态居民"，打造出重点高原藏菊试验试种、白玉黑山羊保种繁育等7个特色农牧产业基地，做强绿色农牧产业园。若尔盖县大力发展牦牛、藏绵羊等特色产业基地。色达县创新提出"生态＋文化＋旅游＋帮扶＋商贸"发展思路，走出一条全域旅游和绿色产业融合发展的道路。红原县着力推动传统畜牧业生产生活方式向现代畜牧业转型升级，走出一条"一二三产深度融合"的现代畜牧业发展之路，全县牛羊出栏数量位居全省十大牧区县前列。

四、不断完善生态保护补偿工作制度

省级层面相继出台《四川省饮用水水源保护管理条例》《四川省环境保护条例》《四川省沱江流域水环境保护条例》《四川省老鹰水库饮用水水源保护条例》《四川省赤水河流域保护条例》《四川省嘉陵江流域生态环境

保护条例》等 6 个地方性法规，制定《四川省流域横向生态保护补偿奖励政策实施方案》，为深入推进省际省内流域横向生态保护补偿提供了制度保障。各试点县以试点工作为契机，结合重点领域研究制定了系列规范性文件。

贵州省生态综合补偿试点工作总结报告

近年来，在国家发展改革委的精心指导和大力支持下，贵州省坚持"绿水青山就是金山银山"理念，认真贯彻落实党中央、国务院关于健全生态保护补偿机制的决策部署，按照试点工作要求，结合地方实际和特色优势，组织试点县（市）围绕创新森林生态效益补偿制度、推进建立流域上下游生态补偿制度、发展生态优势特色产业、推动生态保护补偿工作制度化等方面工作，认真研究编制试点实施方案，扎实推进生态综合补偿试点各项任务，探索完善生态补偿各项机制，试点建设取得积极成效。

一、创新森林生态效益补偿制度

一是完善森林生态效益补偿制度。健全公益林补偿标准动态调整机制，地方公益林补偿标准提高到每年 16 元 / 亩，实现与国家级公益林补偿标准并轨。

二是创新推进国储林项目建设。江口县实施国储林建设项目 42.52 万亩，覆盖所有乡镇及 90% 以上的村级合作社。

三是全面落实生态护林员政策。健全生态护林员选聘、解聘、监督考核等制度，加强和规范生态护林员管理，促进森林资源保护与农民增收实现有机统一。

四是全面实行林长制。5 个县（市）均建立了省、市（州）、县（市）、乡（镇）、村（社区）五级林长体系，形成了权责明确、保障有力、监管严格、运行高效的森林保护发展机制。

五是加强森林生态系统保护和修复。大力实施退耕还林、水土保持、石漠化治理森林抚育、低产林改造和退化林修复等重大生态保护与修复工程，森林面积大幅提升，森林质量不断提高，生态环境持续改善。

二、推进建立流域上下游生态补偿制度

一是健全省内流域生态保护补偿机制。按照"保护者受益、利用者补偿、污染者受罚"的原则，先后在清水江、赤水河、乌江、红枫湖等开展流域生态补偿。

二是建立全国首个多省间流域横向生态补偿机制。云南省、贵州省、四川省人民政府共同签署了《关于赤水河流域横向生态补偿协议》，明确云贵川三省按照1∶5∶4比例共同出资2亿元设立赤水河流域横向生态补偿资金，专项用于赤水河流域生态环境保护与治理、水污染防治等。

三是大力推进流域保护治理。全面推行河（湖）长制，推动形成流域统筹、区域协同、部门联动的河湖管理保护格局。

三、大力发展生态优势特色产业

立足地方实际和资源禀赋，加快培育壮大生态优势特色产业。赤水市着力培育以10万亩金钗石斛、100万亩丰产竹林、1 000万羽乌骨鸡为重点的农业"十百千"工程，农产品加工转化率稳定在75%以上、连续4年位居全省第一。雷山县将天麻作为林下经济主导产业，建成九十七天麻产业园区、杨柳天麻产业园两个"两菌一种"生产基地，"乌杆天麻"被认证为国家地理标志产品，天麻年产值达2.61亿元。江口县建成全国最大的抹茶生产基地和全省最大的冷水鱼养殖基地，茶产业、冷水鱼养殖产业年产值分别达11.76亿元、2.11亿元。威宁彝族回族苗族自治县通过无公害产品认证153个，获得国家地理标志认证两个，被农业农村部评为"云贵高

原65个夏秋蔬菜生产基地建设重点县"和"全国153个夏秋蔬菜生产基地县"。赤水市成功创建5A级旅游景区，雷山县、荔波县、赤水市被列为国家全域旅游示范区，雷山县苗族古瓢舞、嘎百福入选国家级"非遗"名录，江口县入选中国县域旅游综合竞争力百强县、全国康养百强县。

四、推动生态保护补偿工作制度化

贵州省已出台《贵州省生态环境保护条例》《贵州省水资源保护条例》《贵州省赤水河流域保护条例》《贵州省赤水河等流域生态保护补偿办法》《黔中水利枢纽工程涉及流域生态补偿办法（试行）》《贵州省生态保护红线管理暂行办法》《贵州省草原植被恢复费征收使用管理办法》等相关政策法规文件，加快健全森林、流域等重点领域生态保护补偿机制。

云南省生态综合补偿试点工作总结报告

云南省认真落实《生态综合补偿试点方案》要求，督促指导香格里拉市、维西傈僳族自治县、贡山独龙族怒族自治县、剑川县、玉龙纳西族自治县等5个试点市（县）有序开展生态综合补偿试点工作，在创新森林生态效益补偿制度、推进建立流域上下游生态补偿制度、发展生态优势特色产业、推动生态保护补偿工作制度化4个方面先行先试。初步建立跨区域、多元化补偿机制，基本建立符合省情、与经济社会发展状况相适应的生态保护补偿制度体系，为全面开展生态补偿工作奠定基础。

一、创新森林生态效益补偿制度

云南省建立了以公共财政为支撑的森林生态效益补偿机制。森林生态效益补偿面积从2004年启动时的1600万亩扩大到2020年的1.38亿亩，补偿标准从启动时5元/(亩·年)提高到国有国家级公益林10元/(亩·年)、非国有国家级公益林16元/(亩·年)，基本实现了国家级、省级公益林管护和补偿同标准、全覆盖。全省1.38亿亩公益林得到有效保护，5424万亩天然商品林实现停伐管护。完善森林生态效益补偿资金使用方式，以政府购买服务的方式，选聘符合条件的脱贫人员为生态护林员，从事森林资源管护工作。将部分有劳动能力的脱贫人员转化为生态护林员，财政对每个生态护林员补助1万元/年。此外，生态护林员还可通过参与林草项目建设获取劳务报酬。通过安排一个生态护林员带动一户家庭，为巩固拓展脱贫攻坚成果同乡村振兴有效衔接奠定了坚实基础。

二、推进建立流域上下游生态保护补偿制度

一是推进重点流域横向生态保护补偿。按照"试点引领—跨省合作—全域推动"的思路，建立财政激励引导机制，加快推动流域补偿机制改革。在跨省、跨州（市）、同州（市）县域探索开展横向生态保护补偿机制建设。初步构建"成本共担、效益共享、合作共治"的云南省流域保护和治理长效机制。

二是建立跨省流域生态保护补偿机制。在财政部、生态环境部的支持下，2018 年云贵川三省人民政府共同签署《赤水河流域横向生态保护补偿协议》，设立赤水河流域水环境横向补偿资金，开展赤水河流域生态保护补偿试点，资金用于流域生态环境保护、治理等水污染防治。

三、发展生态优势特色产业

一是大力发展核桃、澳洲坚果产业。出台《关于着力打造具有国内外市场强劲竞争能力的核桃产业体系的意见》，为产业发展提供政策支持、规划引领和组织保障。截至 2021 年年底，全省核桃种植 4 303 万亩、产量 148 万吨；澳洲坚果种植 353 万亩、产量 7.48 万吨。

二是推进林下经济产业发展。出台了《关于加快林下经济发展的意见》《关于促进林下经济高质量发展的七条措施》，印发实施《云南省"十四五"林下中药材产业规划》《云南省林下中药材种植三年行动计划（2021—2023 年）》，为林下经济发展提供政策保障。截至 2021 年年底，全省有国家林下经济示范基地 51 个，林下经济面积稳定在 6 500 万亩左右，产值超 600 亿元。

三是推进生态旅游和森林康养产业发展。出台《关于促进森林康养产业发展的实施意见》，依托各类自然保护地、国有林场开展生态旅游和森

林康养，致力打造国际知名森林旅游品牌。成功创建全国乡村旅游重点村
（镇、乡）10个，成功创建5个国家森林康养基地，82个全国森林康养
基地试点建设单位。

四、推动生态保护补偿工作制度化

印发《关于深化生态保护补偿制度改革的实施意见》《关于健全生态
保护补偿机制的实施意见》《云南省建立市场化、多元化生态保护补偿机
制行动计划》《云南省建立健全流域生态保护补偿机制的实施意见》《云南
省森林生态效益补偿基金管理实施细则》《云南省第三轮草原生态保护补
助奖励政策实施方案》《云南省促进长江经济带生态保护修复补偿奖励政
策实施方案》《建立赤水河流域云南省内生态保护补偿机制实施方案》等，
为全省开展纵向、横向生态保护补偿提供有力支撑。

西藏自治区生态综合补偿试点工作总结报告

西藏自治区认真贯彻落实党中央、国务院关于健全生态保护补偿机制的决策部署，在国家发展改革委的精心指导和大力支持下，扎实推进生态综合补偿试点工作任务，认真组织各试点县立足发展实际做好实施方案编制，加强试点工作督导，确保试点工作稳妥有序推进。

一、创新森林生态效益补偿制度

西藏自治区森林资源丰富，全区森林面积 1 491 万公顷，森林覆盖率 12.31%，森林总蓄积量 22.8 亿立方米。截至 2021 年年底，中央财政森林生态效益补偿政策已覆盖西藏自治区 65 个县（区）。2022 年，西藏自治区享受中央财政森林生态效益补偿的公益林面积达到 1 098 万公顷。中央财政下达补偿资金 17.1 亿元，全区 200 多万农牧民群众直接或间接从森林生态效益补偿制度政策中受益。同时，还组建专业管护队伍，建立了公益林管护科学的管理体制和严格的运行机制。截至 2021 年年底，已建立起 208 支专业化公益林管护队伍，从根本上改变自治区长期以来"被动式发现、运动式查处"的状况，真正实现了第一时间发现问题和线索，为森林资源管理和建设美丽西藏提供了坚实的基础保障。

二、推进建立流域上下游生态补偿制度

加快建立"成本共担、效益共享、合作共治"的保护和治理长效机制，健全生态保护补偿机制，促进流域生态质量不断改善。先后制定了《西藏自治区建立流域上下游横向生态保护补偿机制实施方案》《西藏自治区流域上下游横向生态保护补偿奖励政策实施细则（试行）》和《西藏自治区流域上下游横向生态保护补偿机制建立工作指南的通知》。

三、发展生态优势特色产业

在全区范围内大力实施高原特色产业发展，试点开展以来，自治区集中打造藏中粮食、蔬菜、饲草、肉奶产业核心区，藏西北高寒畜牧业生态涵养区，藏东北藏羊、牦牛特色产业优势区，藏东粮肉菜、林果茶、林下资源等特色产业优势区，边境地区特色种养产业带，"四区一带"特色产品架构已经初步形成，夯实了特色产业发展基础。截至2021年年底，全区培育农畜产品加工企业330余家，农畜产品加工业总产值63.57亿元，在有效期内的"三品一标"农产品累计达到1 014个，制修订各类农牧业标准130项。

四、推动生态保护补偿工作制度化

一是结合西藏自治区特点不断完善资源环境领域配套政策措施，先后印发了西藏自治区建立流域上下游横向生态保护补偿机制实施方案、实施细则、工作指南和《西藏自治区第三轮草原生态保护补助奖励政策实施方案（2021—2025年）》，不断筑牢财政政策基础，确保基层部门有章可循、有据可依。

二是组织编制了水生态保护补偿有关方案，提出构建以水生态保护和水源涵养等为目标、面向农牧民群众的水生态保护补偿机制，推动全社会形成尊重自然、顺应自然、保护自然的思想共识，推进西藏生态文明高地建设。

甘肃省生态综合补偿试点工作总结报告

甘肃省全面落实党中央、国务院关于健全生态补偿机制的决策部署，高度重视生态综合补偿试点工作，省委经济工作会议、省政府工作报告、全省发展改革会议均将生态综合补偿试点工作纳入重点推进事项，建立台账，定期调度，跟踪推进。加快构建主体清晰、对象明确、标准规范、形式多元的生态保护补偿机制，各项工作取得积极进展。

一、守护青山、厚植绿色，森林生态效益补偿稳步推进

一是大力实施公益林补偿。2020—2021 年，甘肃省累计投入森林生态补偿资金 16.8 亿元，覆盖全省森林面积 7 000 余万亩。

二是不断加强森林管护。全面推行林长制，高位推动，全省五级林长责任体系基本建立。各试点县结合区域森林资源特点，构建专群结合的森林资源管护机制。2021 年，5 个试点县选（续）聘生态护林员 7 474 人，使农牧民群众逐步由林草利用者转变为生态管护者、受益者，实现生态保护修复和巩固脱贫成果的"双赢"。

三是加快发展林下经济。加快发展经济林果、木本油料、林下经济、种苗花卉、森林生态旅游、森林康养等林业产业，延伸产业链条，建成了一批标准化产业发展示范基地和产业强县。

二、积极探索、先行先试，流域生态补偿成效显著

一是积极推进黄河流域生态补偿。制定《推进黄河流域甘肃段建立横向生态补偿机制试点工作方案》，统筹中央黄河全流域生态保护补偿机制建设引导资金，设立省级奖补资金，支持引导黄河干流和一二级支流涉及市州有序推进横向生态补偿机制建设。与四川省签订了《黄河流域（四川－甘肃段）横向生态补偿协议》，两省按照1：1的比例共同出资1亿元设立黄河流域川甘横向生态补偿资金。

二是全面开展祁连山地区流域生态补偿试点。印发《加快推进祁连山地区黑河石羊河流域上下游横向生态保护补偿试点的通知》，支持肃南裕固族自治县等7县区按照"成本共担、效益共享、合作共治"的原则，自主协商开展流域补偿试点，探索建立黑河、石羊河流域保护和治理长效机制。

三、发挥优势、全力转型，特色生态产业加快发展

一是文旅产业"亮品牌"。深入推动以自然风光和民族风情为特色的文化产业和旅游业融合发展，各试点县坚持把生态旅游产业作为战略性支柱产业来培育，"青藏之眼·绿色天祝""裕固家园·山水肃南""全域旅游无垃圾·九色甘南香巴拉"已成为试点地区旅游金字招牌，甘南旅游扶贫减贫模式入围联合国世界旅游减贫典型案例。

二是特色农牧业"创甘味"。各试点县因地制宜大力发展"牛羊菜果薯药"六大特色产业，加快龙头企业引进培育，发展壮大农民专业合作社，特色产业规模迅速扩大，产业布局不断优化，产业体系逐渐完备，拓宽群众致富路子。

四、深化改革、健全体系，生态保护补偿制度逐步完善

制定《甘肃省落实深化生态保护补偿制度改革实施意见对接政策任务

清单》，全方位推进分类补偿与综合补偿统筹兼顾、纵向补偿与横向补偿协调推进、强化激励与硬化约束协同发力的生态保护补偿制度建设。出台《甘肃省"十四五"生态环境保护规划》《甘肃省"十四五"林业草原保护发展规划》《关于全面推行林长制的实施意见》《甘肃省"十四五"重点流域水生态环境保护规划》《推进黄河流域甘肃段建立横向生态补偿机制试点工作方案》等政策文件，细化落实生态保护补偿各项任务，构建生态保护工作大格局，分领域全方位推进生态保护补偿工作的政策体系支撑逐步形成。

青海省生态综合补偿试点工作总结报告

青海省各级各界牢牢把握"三个最大"省情定位和"三个安全"战略地位，把健全生态补偿机制和生态综合补偿试点纳入重要议事日程，紧紧围绕促进生态环境持续向好这个总目标，以提高生态补偿资金整体效益为核心，以提升造血能力为重点，以进一步改善民生水平，提高公众参与度为根本，明确工作任务，压实工作责任，有序推进生态综合补偿各项工作，不断拓展"两山"理念在青海省的实现转化路径。

一、创新森林生态效益补偿制度

通过持续优化森林生态效益补偿空间，科学制定森林生态效益补偿标准。大力发展林下种植养殖资源开发产业，完善森林效益补偿资金使用方式，不断完善公益林管护机制。天峻县制定出台生态护林员管理办法，根据各乡镇森林资源管护面积确定生态护林员人数，坚持精准、自愿、公开、公平、公正的原则选聘公益林管护员，同时加强对生态护林员考核管理，推进基层群众共享生态红利。

二、推进流域上下游横向生态补偿

积极推进试点县参与省内黄河流域、青海湖流域横向生态补偿机制研究，探索建立省际间流域横向补偿机制，积极探索资金补偿外的其他补偿方式，通过实施水生态保护工程，全面提升试点县流域水质和水源涵养水平。祁连县积极推进建立省内湟水河流域横向生态补偿试点和跨省际间黑河流域横向生态补偿试点相关工作，拟通过与流域各县签订协议，以对流域生态保护修复工作任务量和所做贡献分配补偿资金。

三、发展特色优势生态产业

通过不断提升特色优势产品精深加工水平，促进产业发展公共服务平台建设。持续加强试点县生态文化旅游公共服务、景区景点基础设施建设，鼓励发展绿色生态食品、特色畜禽产品生产加工、经济动物规模化养殖加工、中藏药材种植加工等特色生态产业。玉树市充分发挥生态资源优势，促进以 VR、AR 等现代信息技术实现特色牧业资源与玉树特色体验旅游的深度融合，从而带动牧业资源线上销售和旅游经济的协调发展。

四、健全生态综合补偿体制机制

将建立健全生态保护补偿机制相关内容纳入生态文明建设、生态经济发展、生态产品价值实现和青藏高原生态环境保护和可持续发展等规划方案中，研究出台了《青海省深化生态保护补偿制度改革的实施方案》《三江源国家公园野生动物争食草场损失补偿 2021 年度实施方案》《青海省重点流域生态保护补偿办法（试行）》，不断健全补偿方式，有效市场和有为政府的良性结合、分类补偿和综合补偿统筹兼顾、纵向补偿与横向补偿协调推进、强化激励与硬化约束协同发力，完善生态保护补偿制度。

part

two

绿水青山就是金山银山理念的生动实践

——生态综合补偿试点典型案例汇编

第二篇

生态综合补偿试点
典型案例

第一章

强化森林效益补偿
营林护林齐保青山

江西省婺源县创新森林
生态保护补偿机制

一、基本情况

"古树高低屋，斜阳远近山。林梢烟似带，村外水如环。"至今仍是江西省婺源县乡村景致的写照。婺源县地处江西、浙江、安徽三省交界，该县挂牌保护、树龄百年以上的古树名木有 14 116 株，占江西省古树名木总量逾一成。婺源县先后荣获首批中国天然氧吧、国家生态文明建设示范县、国家生态县、国家重点生态功能区、徽州文化生态保护区、森林鸟类国家级自然保护区、全国"绿水青山就是金山银山"实践创新基地等生态荣誉。

二、具体做法

（一）秉持一个理念

秉持"绿水青山就是金山银山"理念。历史上，婺源百姓养成了尊重自然、敬畏山水的生态自觉，留下了"杀猪封山""生子植树"等村规民约和"养生禁示""封河禁渔"等自治石碑。婺源古人朴素的环境保护思想，催生了环境保护习俗。进入新时代，婺源更加注重在传承中与时俱进，不断激发广大群众保护生态环境的积极性。先后出台了《婺源县关于建立"河（林）长＋警长"协同工作机制的实施方案》《婺源县森林赎买实施方案》

《婺源县专职护林员考核管理办法》等文件。

（二）实施护绿工程

一是探索建立"自然保护小区"。分散的天然林，生长着不少古树名木，却很难被纳入自然保护区管理体系。为守护星星点点的绿色，婺源县在全国首创建设"自然保护小区"，出台了《婺源县自然保护小区（风景林）

婺源县石城枫叶林美景

管理办法》，形成了一套由林权单位申请、林业部门规划、县级政府审批的运作程序。截至目前，建立了珍稀动物型、自然生态型、水源涵养型等6类自然保护小区193处，保护面积达65.4万亩，共同守护分散的小面积天然林。引导群众"自建、自管、自受益"，将全县10.98万公顷自然保护小区，全部纳入公益林生态补偿范围。"自然保护小区"获评世界发明奖。

二是推深做实林长制，健全完善森林资源源头管理机制。2017年，婺源县正式启动天然林保护工程；2018年，将"天然阔叶林十年禁伐"升级为长期禁伐，建立森林保护长效机制；全面推行林长制，将全县森林资源划定为692个管护责任网格，建立以村级林长、监督员、护林员为骨架的"一长两员"森林资源源头网格化管理体系，实行网格化、规范化、信息化管理，做到每个网格对应1名护林员。有效完成实施全县公益林补偿面积154.91万亩，天然林停伐保护管护面积111.54万亩，天保工程区外天然商品林停伐补助197.86万元，年度管护投资共计5 596.93万元。

（三）实施用绿工程

一是依托优质森林资源发展森林旅游、休闲养生等新兴产业。把旅游业作为"第一产业、核心产业"发展，实施生态＋旅游＋战略，着力将潜在的资源优势转变为现实的发展优势，在"中国最美乡村"地域大品牌下，又先后塑造了"油菜花海""晒秋赏枫""梦里老家""古宅民宿"四张在全国有影响力的美丽IP。全县有国家AAAAA级旅游景区1个、国家AAAA级旅游景区14个，是全国拥有A级旅游景区最多的县域和全国唯一的全域AAA级旅游景区。由此，婺源百姓搭乘全域旅游发展东风，通过生态入股、资源分红、景区务工、自主创业等多种方式，在家门口找到增收致富的新路子。赏花高峰期接待游客537.5万人次，旅游综合收入39亿元。

二是篁岭村民以山林、田地、果园等资源入股旅游发展，每年可以从旅游收益中获得上百万元的资源费、流转费等生态分红，打造了生态入股的"篁岭模式"。

三是大力发展红、绿、黑、白、黄"五色"（荷包红鱼、婺源绿茶、婺源歙砚、江湾雪梨、婺源皇菊）生态产业。其中，"婺源绿茶"品牌价值达29.13亿元，茶产业年综合产值45亿元，带动近22万涉茶人员脱贫致富，获评全国茶叶全产业链典型县。

三、工作成效

一是生态效益。自然保护小区建设30年来，助力婺源森林覆盖率由

73.7% 上升至 82.6%，提高了近 9 个百分点。生物多样性得到很好的保护，3 500 多种植物、62 种国家重点保护野生动物、190 种省级保护野生动物在此栖息安家，成为国家重点生态功能区，境内的饶河源湿地公园和婺源森林鸟类自然保护区，先后升格为国家湿地公园和国家级自然保护区。

二是经济效益。生态环境的改善为发展全域旅游提供了更好的条件，目前全县共有宾馆酒店 305 家、民宿农家乐近 5 000 家，床位数 6.1 万张，直接从事旅游人员突破 8 万人，人均年收入超过 5 万元；间接受益者突破 25 万人，占全县总人口近 70%。2019 年婺源全县接待游客 2 460 万人次，在全国 17 个旅游强县中排名第一，综合收入 250 亿元。

三是社会效益。弘扬生态文明观，成功创建省级乡村森林公园 7 个、国家森林乡村 21 个，省级森林乡村 20 个。强化群众对"绿水青山就是金山银山"和新发展理念的认识和理解，形成自觉植绿、护绿、兴绿的新风尚。发展护林、经营专业合作社，增加林农和村集体收入，2021 年公益林管护补助惠及全县 54 032 户，年户均收入 316.49 元；天然林管护补助惠及全县 23 507 户，年户均收入 524 元。

海南省琼中黎族苗族自治县
实施森林生态效益差异化补偿制度

一、案例背景

琼中黎族苗族自治县（以下简称琼中县）地处海南岛中部生态核心区，是万泉河、昌化江、南渡江三大河流的发源地，境内有五指山、黎母山等国家级和省级林区、保护区，森林覆盖率达86.17%，盛享"三江之源""天然氧吧"等美誉，是海南省重要的生态安全屏障。

近年来，琼中县积极落实生态核心区定位，深入实施绿色发展战略，积极开展森林生态效益差异化补偿探索，以完善森林生态效益补偿机制为重点，以提高森林生态补偿资金使用整体效益为核心，加快转变发展方式，促进生态保护地区和受益地区的良性互动，为海南国家生态文明试验区建设作出了积极贡献。

二、主要做法

（一）综合区位、生态系统服务价值、机会成本等因素，实施森林生态效益差异化补偿

琼中县结合本地实际，结合公益林生态系统服务价值、农户因森林保护所面临的机会成本损失以及区位等因素，执行差别化补偿标准。如对已核发林权证、且地块涉及公益林的原建档立卡贫困户进行公益林直

补，地块现状为用材林的补偿标准为 400 元 /（亩·年）、经济林的为 200 元 /（亩·年）。此外，对种植油茶、益智等的农户，进行直接补贴，对种植油茶的农户进行 1 000～1 200 元 / 亩资金补贴、对种植益智的农户进行 500 元 / 亩的资金补贴。

（二）扶持农民发展林下经济，解决森林生态效益差异化补偿的资金不足问题

利用琼中县丰富的森林资源，在生态保护的前提下，合理利用林下空间发展林下经济，主要发展橡胶 + 益智、橡胶 + 粽叶、橡胶 + 灵芝、橡胶 + 花卉、橡胶 + 牛大力、槟榔 + 养蜂、槟榔 + 养鸡等林下经济复合经营模式，成功推出琼中灵芝、琼中粽叶等林下经济特色品牌。每个特色产业均有龙头企业、专业合作社带动，实现从种苗、种植、加工、销售一体化，为林下经济提供各种服务，保障产业可持续发展。据统计，2021 年琼中县林下经济面积达 15.6 万亩，农民人均纯收入 4 383 元当中，林下经济创造的收入占 2 277 元，林下经济在林业产业中的财政贡献率达 30%，被国家林业和草原局授予"全国林下经济示范县"称号。

（三）加强公益林的保护管理工作

一是进一步深化林长制改革。根据《关于进一步健全完善林长制的实施方案》，琼中县共设立县级林长 12 名、乡镇级林长 130 名、村级林长 110 名，划片区对琼中县 61.3 万亩公益林进行网格式管护。

二是优先将有劳动能力的原建档立卡贫困人口转成生态护林员。统筹有关财政资金，将 280 名有劳动能力的原建档立卡贫困人口转为生态护林员，按每人每月 800 元发放补贴，直接帮助至少 280 名原建档立卡贫困人口稳定脱贫。

三是管护合同签订到位。管护责任单位与管护责任人之间签订公益林管护合同，把管护责任明确落实到管护责任单位和具体的管护责任人。

四是监管到位。进一步加大力度，严厉打击乱砍滥伐林木、非法占用林地等各种破坏公益林的违法行为；对在重点公益林保护管理中玩忽职守的工作人员，坚决依法严肃处理。

五是加强公益林的管护力度。加大打击林下套种、各类侵占公益林的违法行为，对违法行为责任人进行制止警告、行政处罚、刑事拘留等惩罚措施。加大对巡护队伍的建设管理，护林员根据管护合同，认真履行管护责任，执行日常巡护管理。县林业部门年终组织成立考核工作组，对公益林每年的管护成效进行考核。

琼中县新市农场经济林

六是加强林业有害生物防治，有效控制林业有害生物扩散及槟榔病虫害蔓延的势头。开展"清风行动"，加强生物多样性保护方面的宣传和教育工作。

琼中县油茶、益智子种植

（四）不断提升森林生态效益

科学统筹造林绿化工作，持续巩固提升创森成果，大力开展植树造林活动，抓好主要通道"裸露山地"造林，全面完成营造林任务。2021年，琼中植树造林7 841亩，花卉种植820亩；排查裸露地块61块，完成复绿56块；修复古树名木10株。

三、工作成效

（一）增加周边村民收入来源，提高生态环境保护意识

通过对已核发林权证、且地块涉及公益林的原建档立卡贫困户进行公益林直补的方式，不断提高农民保护生态环境的意识与责任，守护森林生态资源的同时，让百姓也得到相应的生态"惠利"。与此同时，通过将原建档立卡贫困人口转变为生态护林员的方式，为280多人提供了就业岗位，缓解众多家庭的生产生活压力。

（二）保护和管理成效显著，有利于推进热带雨林国家公园建设

通过森林生态效益差异化补偿工作的开展，琼中林区特别是涉及国家公园的林区治安愈发稳定，盗伐、滥伐林木现象明显减少，乱占林地得到有效控制，森林防火工作得到加强，森林病虫害能及时发现并得到有效防治，林区内生物多样性增加，动植物资源得到有效保护。

（三）特色产业扶贫成效明显，成为森林生态效益补偿有益补充

大力引导困难群众发展林下经济，鼓励百姓在生态林、橡胶林和槟榔

林等地，套种益智，发展蜜蜂、山鸡养殖等生态产业，践行绿色发展理念，实现生态环境优化、群众增收致富双赢，让生态产业变成百姓致富的"钱袋子"。

（四）生态环境质量持续向好

经过努力，琼中县森林覆盖率达到 86.17%，城市建成区新增居住小区和机关小区附属绿地绿化覆盖面积 17.03 公顷，县建成河道绿化率为 98.5%，水岸林木绿化率 95.2%，生态环境不断改善。琼中县空气质量优良天数比例高达 100%，生态环境质量持续向好。

贵州省荔波县创新生态护林员管理机制

荔波县面积 2 415 平方千米，林地面积 1 866 平方千米，森林覆盖率 71.97%，属于珠江流域上游重要的水源涵养区，是国家重点生态功能区和国家生态综合补偿试点县。该县始终坚持"绿水青山就是金山银山"理念，强化森林资源保护，创新生态护林员管理模式，将森林资源保护发展与群众脱贫增收同步谋划、同步推进、同步落实，持续巩固生态脱贫成果，助力乡村全面振兴。

一、创新三权下放管理机制，助力乡村振兴

为进一步支持"村社合一"集体经济组织发展壮大，巩固脱贫攻坚成果，有效衔接乡村振兴，提升基层组织的组织力和发展带富能力，荔波县将生态护林员管理模式由"县建、乡聘、站管、村用"转变为"乡建、村聘、村管、村用"，将护林员的组建权下放到乡（镇、街道办），聘用权、管理权、使用权下放到村，由村级组织统一选聘、统一管理、统一使用，实行绩效考核与薪酬挂钩，护林积极性明显提升，作用得到充分发挥。2021 年，按照平均森林面积约 617 亩安排 1 名生态护林员管护原则，将生态护林员分布到全县 8 个乡（镇、街道办）95 个行政村，实现全县森林管护全覆盖。

二、建立三级责任制度，常态化严格考评

健全生态护林员管理机制，进一步明确乡（镇、街道办）人民政府、村民委员会监管职能，完善县、乡、村三级分责巡查工作制度，实行日常工作月考核、半年和年度综合考评，县林业部门负责对全县林区面上动态巡查、督查乡镇责任落实情况，乡（镇、街道办）负责指挥本辖区各村生态护林员队伍开展工作、负责半年和年度综合考核，村支两委负责安排生态护林员值班值守、每月考勤及考核。严格执行考核和退出补进制度，对

荔波县生态护林员正在开展巡山护林

不履职、考核不合格或因健康等原因不能胜任岗位职责的生态护林员，按规定予以解聘或调整，空缺名额按程序招聘补进。同时，加强业务知识和技能培训，通过举办培训班、实战演练、专题学习、以会代训等方式，不断提高生态护林员业务能力和水平。

三、完善林长制体系，健全林业保护发展长效机制

制定印发《荔波县全面实行林长制的实施方案》，健全林长制组织体系、制度体系、责任体系等，织密森林资源保护网。

一是建立县、乡、村三级林长加村级专职林长的"3+1"林长组织，明确县级林长 18 名、乡镇级林长 110 名、村级林长 95 名、村级专职林长 95 名。

二是以 8 个乡（镇、街道办）和 9 个自然保护地为网格落实"8+9"县级林长管护责任区域，明确 24 个县级部门对应负责日常管护责任，全部安装林长责任公示牌，巡林护林的纵横责任体系基本形成。

三是全县 95 个村修订完善"村规民约"，推行"林长制＋村规民约"联动模式，对破坏森林资源行为达不到行政处罚条件的依据村规民约进行处罚。充分发挥"村规民约"自我约束、自我监管作用，压实林权人的护林管理职责，加强自治管理、源头管理，有力推动林长制各项目标责任落实。

四、创新生态补偿模式，共享绿色惠民成果

一是按时规范发放护林员报酬。目前该县生态护林员管护补助标准为每人每年 1 万元，根据每月考勤、考核情况按月通过财政"一折通"涉农（惠农）补贴统发系统发放至护林员账户。

二是鼓励护林员"一岗多业"增加收入。在正常履职前提下，鼓励护林员发展林业产业、从事家庭个体种养殖业、参加农林专业合作社等增加收入。荔波县启明中药材种植林下经济示范基地通过建立"龙头企业＋基地＋护林员"的技术和利益联结，直接吸纳包括护林员在内的当地农村人

口就业 200 余人，每年增加脱贫人口收入 20 多万元，2021 年被列为第五批"国家林下经济示范基地"，并荣获"中国森林认证证书"。

三是发展森林旅游业带动护林员增收。依托贵州南部旅游龙头大小七孔景区，大力培育观光旅游、休闲度假、康复疗养为主的森林生态旅游产业，7 个乡镇、20 个村、45 户农家分别获评"贵州省森林乡镇""森林村寨""森林人家"称号，3 个村入选"国家森林乡村"，两个村获授"全国生态文化村"殊荣，建成乡村生态民宿和农家乐 629 家，从事森林旅游业人数达 2 万余人，护林员利用自家住房发展民宿和餐饮增加收入。2021 年该县实现林业产业总产值达 44 亿元，带动 1.3 万户 5.2 万人稳定增收。

云南省维西傈僳族自治县加强生态护林员队伍建设

近年来，维西傈僳族自治县（以下简称维西县）始终把实施"生态立县"战略与乡村振兴紧密结合，高度重视生态护林员队伍建设管理，努力将其打造成特别能吃苦、特别能战斗、特别能奉献的队伍，在维护生态安全、维护民族团结、促进社会和谐稳定等方面发挥重要作用。

一、立足县情，高位推动

维西县是云南省 19 个限制开发区域和生态脆弱县之一，也是革命老区。"十三五"时期，全县共有贫困村 70 个（其中深度贫困村 44 个），累计纳入建档立卡 12 056 户 43 392 人，占迪庆藏族自治州贫困人口总数的 58%，贫困发生率高达 31.8%。通过五年的不懈努力，于 2020 年实现了脱贫摘帽，结束了傈乡大地千百年来绝对贫困的历史。

实施生态护林员政策，是实现"生态保护脱贫一批"目标的重要举措，是贯彻国家脱贫攻坚"五个一批"工程中"生态补偿脱贫一批"的重要内容。维西县委、县政府高度重视此项工作，自 2016 年实施生态护林员政策以来，通过细化管理措施，强化责任落地，扎实推进生态护林员选聘工作，既增强了林草资源管护力量，又巩固了脱贫攻坚成果，为持续推动脱贫地区发展和乡村全面振兴奠定基础。目前，全县共聘用生态护林员 10 321 人。

二、严格管理，实现"双赢"

（一）提高思想认识

纵观世界发展史，保护生态环境就是保护生产力，改善生态环境就是发展生产力。只要保护好生态环境，就可以发展生态产业、绿色产业，使良好的生态环境成为推动生产力发展的动力，用乡村振兴的成效检验生态文明建设成效，实现乡村振兴与生态保护双推进。为又好又快地推进生态护林员选聘工作，维西县结合实际，及时编制生态护林员选聘实施方案、管护方案，明确目标任务，强化组织措施，把目标任务落实到具体责任人身上，做到认识到位、组织领导到位、责任到位、措施落实到位。

（二）严格选聘要求及程序

维西县在生态护林员选聘工作中，始终坚持精准自愿、公正公开、稳定持续、统一管理的原则，坚定生态扶贫和资源管护兼顾的思路，将有劳动能力的原建档立卡贫困人口选聘为生态护林员。

一是严格审核。各乡镇根据《云南省建档立卡贫困人口生态护林员管理实施细则》，结合实际认真开展选聘工作，同时，处理好与原有护林员的关系，禁止重叠聘任。

二是严明纪律，做好监督。各乡镇严格按照生态护林员选聘条件，把真正符合选聘条件且有劳动能力的脱贫户选聘出来。生态护林员的选聘及后续信息管理系统数据录入，由县林业和草原局与各乡镇及村委会共同完成，确保信息准确、真实、完整。

（三）强化队伍管理

一是建立机制。实行"县级确定岗位、乡镇聘用考核、村级使用监管"的管理机制，按照"合同聘用、统一管理"的方式，通过划定管护责任区、设定管护岗位、确定管护酬劳、落实管护责任，实现生态护林员与其他护林员同岗同责、同岗同酬的管理要求。

二是落细措施，管理到位。维西县林业和草原局组织编定《"一组一策"生态护林员巡山管理办法》《维西县建档立卡贫困人口生态护林员森林管护方案》，并将生态护林员职责用签订森林管护责任合同的方式加以落实。每年年底由县林业和草原局组织乡、村两级按合同对所有生态护林员进行考核。考核合格后继续聘用并续签下年度合同，考核不合格的则解聘。

三是加强培训，提高认识。维西县生态护林员平均文化水平较低，工作中村级护林员、公益林管护员通过月会对生态护林员进行相关林草法规、政策的宣传培训。通过培训，进一步提高生态护林员思想认识和业务技能水平。

四是搞好结合，实现"双赢"。脱贫人口是急需"扶志、扶智"的群体，在被聘为生态护林员后，通过统一服装、组织培训、集体巡山、参加交通劝导等活动，逐渐树立其战胜困难的信心和决心。

五是落实一员多责，发挥多岗成效。组织开展"五支队伍"建设，即生态护林员不仅是巡山护林队，也是法律法规及惠农政策宣传队，还是维护农村稳定的综治维稳队，更是乡村一线抢险救灾队、重点景区及森林环境清洁队。

六是增强生态意识，提升保护效果。多年来，由于自然地理、社会历

维西县生态护林员开展巡护

史等诸多原因，当地一些干部群众生态保护意识和生态文明观念淡薄，工作滞后。一度出现森林火灾控制不住、林政案件控制不住、社会纠纷控制不住的问题，不同程度影响生态建设和经济社会和谐发展。

通过建设一支好队伍，制定一套好制度，出台一系列好措施，维西县实现森林生态从管不了、管不好到管得了、管得好、管出成效的转变。生态护林员政策的实施，为因交通不便、语言不通、自身无增收技能的脱贫人口提供了就业岗位，使他们通过履行主责主业有了稳定收入，还可以通过积极参与林草重点项目建设、大力发展林业绿色产业增加劳务性收入，在有效保护森林、草原、湿地等自然资源的同时，为防止大规模返贫、巩固拓展脱贫攻坚成果同乡村振兴有效衔接奠定了坚实基础，实现生态保护和乡村振兴的"双赢"。

第二章

上游下游共护清水
支流干流携手治江

安徽省探路大别山区流域生态保护补偿

一、基本情况

安徽省大别山区涉及六安、安庆两市，覆盖金寨县、岳西县等 10 个县（区），是国家水土保持生态功能区。为统筹大别山区上下游地区经济社会可持续发展，保持和改善大别山区水环境质量，安徽省出台了《安徽省大别山区水环境生态补偿办法》，按照"谁受益、谁补偿，谁破坏、谁承担"的原则，以合肥、六安两市交界的淠河总干渠罗管闸为跨界考核断面监测水质为依据，确定流域上下游补偿责任主体的生态补偿机制。2017 年起，每年设立补偿资金 2.12 亿元，其中省财政投入 1.32 亿元，六安市、合肥市分别投入 0.4 亿元。若水质测算指标 $P \leq 1$（P 值为对水质监测中高锰酸盐指数、氨氮、总氮、总磷等 4 项指标加权复合得出），则合肥市资金拨付给上游六安市；若水质测算指标 $P>1$，则六安市资金拨付给合肥市。无论 P 值大小，省财政资金均拨付给上游六安市及岳西县。

二、主要成效

补偿机制建立以来，淠河总干渠供水水质到 2020 年已稳定为 Ⅱ 类水，2021 年更是达到了历年最优值，确保了一泓清水送合肥，累计向合肥输送优质水资源 55.68 亿立方米。补偿资金充分发挥使用效益，上游地区建立了以项目为载体的防治体系，奖补资金优先切块安排监测能力建设、水土保持、生态修复等方面，有力地推进了生态环保项目建设。截至2021年年底，六安市累计获得省生态补偿资金9.6亿元，分9批次下达实施大别山区水环境生态补偿项目347个，总投资21亿元。

三、经验做法

（一）持续高位推动，政策体系不断完善

注重流域生态环境保护治理制度化、规范化，将完善制度作为生态环

六安市霍山磨子潭水库

境保护的根本之策。先后出台了《六安市地表水断面生态补偿暂行办法》《六安市重点生态功能区转移支付暂行办法》《六安市大别山区水环境生态补偿资金管理办法》《六安市生态环境资金项目管理办法（试行）》。建立六安市、合肥市联席会议制度，签订《跨界水体水污染联防联控合作协议》，共同开展联合监测、联合执法、联合整治。通过扎紧制度笼子，强化制度执行，真正实现流域生态环境保护的长治长效。

（二）注重规划引领，描绘生态补偿新画卷

注重规划在流域生态环境保护治理中的引领作用，积极推进大别山区水环境生态保护和发展规划编制。在充分吸纳各方面意见和建议的基础上，

编制印发大别山区水环境生态补偿规划纲要和实施方案。

（三）聚焦项目建设，赋能生态保护补偿

组织县区按月上报项目建设和预算执行进度。同时，引入第三方巡查，建立常态化监督检查机制，通过"一月一调度、一季度一通报"，确保项目如期建设完工，资金及时发挥效益。近年来，完成六安市城北污水处理厂二期、东淝河生态净化湿地、裕安区马堰河渠下涵工程等一大批标志性项目的建设任务，极大提升了大别山区水环境生态保护能力。

（四）加强统筹调度，做好补偿资金文章

按照"集中力量办大事"的原则，将省和市级地表水断面生态补偿资金、大别山区水环境生态补偿资金等涉水专项资金一并统筹谋划、统筹安排。同时，打破按照流域面积分配资金的固化格局，引入竞争机制，以绩效为导向分配资金。加快资金分配进度，每年底确定下一年度的资金分配方案，按照施工进度将资金下达项目实施单位，及时转化为实物量。每年组织第三方机构对上年度项目资金开展绩效评价，针对评价中发现的问题督促有关县区限期整改到位。同时，将评价结果作为下年度资金分配的重要依据。

（五）聚焦共建共享，共创绿色发展新局面

合肥市将六安市霍邱县纳入合肥市县招商任务范围，以园区共建为重点，以招商引资、科技成果转化为抓手，抓好教育、卫生、干部培训等合作工作。在教育上，深化两地教育领域合作，建立健全合肥一中与霍邱一中、合肥学院与陈埠职高长期合作机制。

福建省实现重点流域生态保护补偿全覆盖

一、总体情况

重点流域生态补偿机制是福建生态文明建设的一项重大实践。2001 年《福建省九龙江流域水污染防治与生态保护办法》出台，厦门、漳州、龙岩每年共同出资开展九龙江治污，在全国较早形成河流下游受益的地区给上游地区补偿的良好机制。此后，福建省逐步将补偿试点扩大到闽江、敖江、晋江和洛阳江等流域。2015 年，按照国家生态文明试验区建设要求，在总结之前试点的基础上，出台《福建省重点流域生态补偿办法》，并于 2017 年进行修订，全面建立起资金筹措与地方财力、保护责任、受益程度等挂钩，资金分配以改善流域水环境质量和促进上游欠发达地区发展为导向的全省主要流域全覆盖生态保护补偿机制。

二、具体做法

（一）建立责任共担、长效运行的补偿资金筹集机制

一是明确保护责任。全省 12 条主要流域范围内的所有市、县既是流域水生态的保护者，也是受益者，对加大流域水环境治理和生态保护投入承担共同责任。

二是加大资金筹集力度。明确重点流域生态补偿金采取"省里支持一

部分、市县筹集一部分"的办法，并根据各市县应承担的生态补偿责任，按地方财政收入的一定比例和用水量的一定标准每年上解补偿资金，对上下游不同市县设置不同的筹资标准，下游地区筹集标准高于上游地区。

（二）建立奖惩分明、规范运作的补偿资金分配机制

一是建立因素法分配机制。根据补偿范围内 45 个市、县（含 16 个原省级扶贫开发工作重点县）经济发展水平、生态保护和污染治理责任与能力的较大差异，充分利用已有的监测、考核数据，将筹集的生态补偿金用因素法公式统筹分配至流域范围内的市、县。其中，水环境质量作为补偿资金分配的主要因素，占资金分配因素 70% 权重，同时考虑森林生态保护和用水总量控制因素，分别占 20% 和 10% 权重，对水质状况较好、水环境和生态保护贡献大、节约用水多的市县加大补偿，分配时设置的地区补偿系数上游高于下游，体现对上游地区的生态贡献补偿。

二是科学设定分配系数。明确了各流域设置不同补偿系数，确保流域上解资金主要用于本流域污染治理和生态保护，省级资金合理分配到各流域。同时，考虑到流域上下游不同地区经济发展水平和地方财力差异，为提高流域上游地区的积极性，减轻脱贫地区负担，在因素分配时设置的地区补偿系数上游高于下游，同时向脱贫地区倾斜。

三是完善奖惩机制。明确水质达到考核要求的，在安排补偿资金时给予支持；对挪用补偿资金、未将资金用于生态保护和水环境治理的市、县，视情节扣减该市、县在该年度获得的部分甚至全部生态补偿资金；对发生重大水污染事故的市、县每次扣减 20% 的补偿资金，扣回资金结转与下一年度补偿资金一并分配。

（三）建立公开透明、程序严格的资金补偿资金使用和管理机制

一是规范资金使用。规定分配到各市县的重点流域生态补偿金由各市、县政府根据影响当地水环境情况，因地制宜、统筹安排，将资金使用范围细化为"饮用水源地保护、农村面源污染防治、城镇污水垃圾处理及配套处置设施及运营维护、点源污染治理项目、生态修复工程、省政府确定的其他水环境保护项目"等 6 类 14 项，进一步增强可操作性，指导各市、县从实际出发，将补偿资金用于改善流域水环境的项目。

二是严格监督检查。要求各市、县政府在收到补偿资金预算60日内提出资金安排计划，并予以公示，接受社会监督。省有关部门会同流域下游设区市政府对补偿资金的使用情况加强监督检查，对进度缓慢或逾期未完成整治和保护任务的，责成项目所在地有关部门限期整改。

三、工作成效

按照责任共担、区别对待、水质优先、合理补偿的原则，福建省实现了主要流域生态保护补偿资金筹集制度化和分配规范化，进一步保障全省主要流域生态安全，有力促进了流域上下游关系的协调和水环境质量的改善。

（一）生态保护合力逐步形成

流域差异化资金补偿机制有效提高了流域内各市县参与生态系统保护和修复的积极性，促进了受益地区与生态保护地区、流域下游与上游加强协调合作，齐心协力推进流域水环境保护、水生态修复、水污染治理、水资源节约等方面建设，形成流域上下游、干支流、左右岸共抓生态大保护、协同环境大治理的局面。

（二）绿色发展导向有效确立

以水质为主要导向的资金分配方式，有力推动流域内各级地方政府树立和践行"绿水青山就是金山银山"的发展理念，如上游的南平市积极发挥流域地区比较优势，促进各类要素合理流动，在资金补偿、产业转移、园区建设、技术指导、人才培育等方面下功夫，优化调整产业结构，发展绿色低碳循环产业，逐步实现辖区内流域上下游之间发展优势互补、互利多赢，不断推进绿色发展。

（三）流域生态环境质量不断提升

流域生态保护补偿资金充分发挥"四两拨千斤"的作用，带动各级地方政府加大投入，促进各地饮用水源地保护、水生态修复等流域生态保护和污染治理工作的推进，有效提升了全省主要流域生态环境质量。2022年上半年，全省主要流域水生态环境持续保持优良，Ⅰ~Ⅲ类水质比例

97.9%，其中，国考断面Ⅰ～Ⅲ类水质比例 97.1%；全省小流域考核断面
Ⅰ～Ⅲ类水质比例 95.3%；市级、县级集中式生活饮用水水源地水质达标
率均达 100%；全省森林覆盖率 66.8%，连续 43 年保持全国第一，生态美
成为福建发展的永续优势。

江西省铜鼓县构建修河流域横向生态保护补偿

一、案例背景

修河是鄱阳湖水系五大河流之一，发源于江西省宜春市铜鼓县，是九江市境内最大的河流，也是长江中下游重要的水源涵养地和沿岸居民的生产、生活用水取水地。为贯彻落实好"绿水青山就是金山银山"理念和"共抓大保护，不搞大开发"的总基调、大前提，及"努力把长江经济带建设成为生态更优美、交通更顺畅、经济更协调、市场更统一、机制更科学的黄金经济带，探索出一条生态优先、绿色发展新路子"的重要指示精神，宜春市铜鼓县与九江市修水县就修河流域上下游横向生态保护补偿签订协议，创新"成本共担、效益共享、合作共治"的修河流域保护和治理长效机制，共同保护和改善修河生态环境质量。

二、主要做法

（一）省级引导，流域上下游横向生态保护补偿全面推进

2019年，江西省生态环境厅、财政厅、发展改革委员会、水利厅四部门联合印发了《江西省建立省内流域上下游横向生态保护补偿机制实施方案》，标志着整省域全面推进省内流域上下游横向生态保护补偿工作。按照"权责统一，合理补偿""省级引导，地方为主""统筹兼顾，

稳步推进""绩效评价，结果导向"的原则，推动全省相关上下游县（区）
之间尽快签订横向生态保护补偿协议，明确各设区市、县（区）人民政
府为相关流域上下游横向生态保护补偿责任主体，在自主协商的基础上

修河源头——金沙河风光

签订流域上下游横向生态保护补偿协议，进一步明确补偿因子、补偿办法、补偿方式和补偿标准，建立横向生态保护补偿机制。由各设区市人民政府组织、协调辖区内各县（区）横向生态保护补偿机制的建立和实施。

（二）试点先行，修河流域上下游横向生态保护补偿机制不断创新

为深入落实《江西省建立省内流域上下游横向生态保护补偿机制实施方案》精神，铜鼓县与修水县联合开展试点工作，签订修河流域上下游横向生态保护补偿协议，每年各出资 600 万元，同时获得上级流域补偿资金 2 400 万元，设立修河横向补偿资金，用于铜鼓县境内修河流域的保护和治理。根据协议，以修河流域跨界断面为横向生态保护补偿考核断面，若考核断面在考核年度内年均值达到 Ⅱ 类水质，修水县按照 100% 的补偿资金补偿铜鼓县；若考核断面在考核年度内年均值未达到 Ⅱ 类标准，铜鼓县按 100% 的补偿资金补偿修水县。横向生态保护补偿协议签订后，两县建立联席会议制度，协商推进流域保护与治理，联合查处跨界环境违法行为，建立重大工程项目环评共商、环境污染应急联防机制。

（三）绿色共享，修河流域共治共绿新格局加快形成

一是生态保护力度持续加大。为合理用好流域补偿资金，稳定提升水环境质量，铜鼓县积极推进生态保护项目落地。①实施农村环境综合整治项目。全县下辖 6 镇 3 乡 4 个生态公益型林场累计建设 84 套农村生活污水处理设施，日处理能力累计达 4 200 吨，行政村污水处理覆盖率达 100%，形成了一套富有山区特色的生活污水处理和设施运行管理方式。②实施城镇生活污水处理厂提标扩容项目，完成县生活污水处理厂一级 A 提标改造，有效提升县城区生活污水处理能力。③持续做好入河排污口日常监管，对入河排污口实施"一口一档、一口一策"管理，推进入河排污口规范化建设。④强化对重点断面水质监测，加强上游污染源管控与巡查，确保断面水质持续稳定达标。⑤加大县城集中式饮用水水源地巡查力度，督促乡镇加强集镇饮用水源地保护和管理，保障居民饮水安全。⑥持续推进工业污水达标排放，对全县重点涉水企业、园区集中污水处理厂的污染防治设施运行情况、出水水质等进行重点排查，进一步提升企业污染物治理水平和环境管理能力，提高水生态环境安全保障水平。

二是生态环境质量持续向好。铜鼓县连续多年国考省考断面水质达标率 100%；县内修河流域（定江河段）跨界断面考核年度内年均值均达到 Ⅱ 类水，修河流域（金沙河段）跨界断面考核年度内年均值均达到 Ⅰ 类水标准；县级集中式饮用水水源地水质达标率100%；2021年，水环境质量综合指数位列江西省第一；森林覆盖率稳定在88.04%，居江西省第一；空气质量优良率为99.7%，居宜春市第一；污染防治攻坚战考核居宜春市第一。

三是生态品牌持续打响。近年来，铜鼓县获得多项国家级、省级荣誉。先后获评"国家级生态文明建设示范县""江西省绿水青山就是金山银山实践创新基地""全国推行河长制湖长制先进集体""江西省全域旅游示范县"等，入选"中国康养百佳县市"和"中国最美乡村百佳县市"榜单，修河流域铜鼓港口水站被生态环境部评为首批"最美水站"，生态影响力和知名度不断增强。

铜鼓县正继续探索开展县域内流域上下游横向生态保护补偿工作，按照"受益者补偿、保护者受偿"的原则，建立铜鼓县修河流域横向生态补偿机制，力争实现各乡、镇之间流域上下游横向生态补偿全覆盖。通过此项工作对流域治理基本情况进行全面梳理，分清治污责任，充分调动流域上下游地区治污积极性，加快形成责任清晰、合作共治的流域保护和治理长效机制，深入打好碧水保卫战，实现河湖水质持续改善。

海南省昌江黎族自治县
构建昌化江流域横向生态保护补偿

一、案例背景

昌化江是海南岛的第二大河，发源于海南省琼中县黎母山林区的空示岭，横贯海南岛的中西部，河流自东北向西南经琼中县、保亭黎族苗族自治县，在乐东黎族自治县转向西北，流经琼中、五指山、乐东、东方等地，最后从东方市穿过昌江县的昌化港西流入南海。自实施流域横向生态保护补偿以来，昌江与上游东方市、白沙县就昌化江流域横向生态保护补偿签订协议，三地协同保护，环境共治，确保流域水环境质量达到或优于水环境功能管理要求，保障广大人民群众饮水安全，促进昌化江流域经济可持续发展。

二、主要做法

（一）三地协同，共治昌化江

2019 年 3 月 7 日，昌江县和白沙县签订《昌化江流域上下游横向生态保护补偿协议》，在昌化江石碌水库入口断面实行 II 类标准的水质保护目标，采取"季度核算、年终结算"的办法，每季度由海南省生态环境监测中心进行采样监测，通过监测结果核算，若水质不合格，则由上游补偿下游，若水质合格，则由下游补偿上游。补偿标准为每季度 30 万元，由市县财政直接划拨补偿金。

2021年，昌江县扩大昌化江流域上下游横向生态保护补偿试点范围，6月17日，昌江县、东方市、白沙县签订《2021—2022年昌化江流域上下游横向生态保护补偿协议》。在昌化江石碌水库入口断面实行Ⅱ类标准的水质保护目标，采取"季度核算、年终结算"的办法，综合断面水质、断面季度径流量等因子测算补偿金额。

（二）饮用水水源地规范化建设，推进上下游流域生态保护

为加强集中式饮用水水源地规范化建设，不断提高农村饮用水水质。2021年2月，昌江县启动饮用水水源保护区规范化建设工程项目，对石碌水库、石碌河及山竹沟水库等13个水源保护区开展规范化建设，对石碌水库、山竹沟水库、新田水库库区周边设物理隔离网建设，对13个饮用水水源保护区共建设界标宣传牌66个，界桩390个，交通警示牌68个。

2022年2月委托第三方技术服务公司开展两个水源地的立桩定界工作，其中昌化江大风段河流型水源地保护区建设3个交通警示牌，两个宣传牌，24个界桩；叉河镇红阳村委会傍河取水地下水型饮用水水源保护区建设9个交通警示牌，两个宣传牌，33个界桩。

（三）加强农村生活污水收集、有效防控流域环境污染

昌化江流域水生态环境面临的主要问题在于沿线农村尚未全部建设完善的生活污水收集、处理设施，生活污水随意排放，导致污水极易流入昌化江，对水体造成污染。

昌江县积极探索乡村振兴战略背景下的农村生活污水治理优化路径，全面落实省委、省政府关于农村生活污水治理的部署精神，把做好农村生活污水治理工作作为改善昌江农村人居环境的重头戏、关键工程，以体系建设为抓手，扎实推进全县农村生活污水治理工作。2020年，实施水利渠道和农村饮水安全工程（其中投入92万元开展农村饮用水安全工程）解决9 103户43 681人饮水安全及灌溉用水问题。2021年，实施水利渠道和农村饮水安全工程，解决4 272户16 837人的饮水安全及灌溉用水问题。积极推进县城污水处理厂提标改造项目、城镇污水处理提质增效项目、建制镇污水处理厂等项目建设，对全县主要河道和干渠进行综合整治，城镇内河25个排污口全部完成整治工作。

三、工作成效

　　水环境质量总体保持良好。昌江县主要河流湖库水质总体保持为优，水质总体优良率为100%。2021年，Ⅰ类水质断面占9.1%，Ⅱ类水质断面

昌江县昌化江下游河段

占 72.7%，Ⅲ类水质断面占 18.2%。地表水氨氮浓度、化学需氧量浓度、高锰酸盐指数浓度、总磷浓度年均值等指标均低于地表水Ⅱ类标准限值。饮用水源方面，2019 年度石碌水库水质总体良好；近岸海域水质主要以第一、第二类海水为主，监测海域水质处于清洁状态；2020 年全县主要河流湖库水质优良率为 100%，其中国家考核断面水质优良率为 100%，城市（镇）

集中式饮用水水源地水质达标率为 100%，近岸海域水质优良率为 100%，其中国家考核点位水质优良率为 100%；2021 年，全县城镇内河水质监测达标率 100%。

环境监测监管能力持续增强。"十三五"期间，完成石碌水库集中式饮用水水源自动监测站和叉河口国家水质自动监测站建设。截至 2021 年年底，已经建成 10 家国控、省控重点污染源在线监测网络，构建水环境质量立体监测网络，建立区域饮用水源地水质预警预报系统，实行环境信息公开；建立地表水水质监测断面 5 个，河长制监测断面 23 个，近岸海域环境质量监测断面 4 个，实施环境监管三级网格化，确保环保违法违规行为监督检查"无禁区、全覆盖、零容忍"。

农村人居环境治理工作初显成效。2021 年，昌江县建设饮用水水源地保护区规范化项目、昌江县叉河镇等 5 个镇农村生活污水治理工程（一期）和昌化镇黄姜村委会和新城村委会农村生活污水治理项目，目前已建成农村污水处理设施及配套全管网村庄 92 个，覆盖率 50%，全面推行"户清扫、村收集、镇转运、县处理"的农村生活垃圾收运处置模式，村内污水横流、乱排乱放现象得到逐步改善。

下一步，昌江县将积极践行"绿水青山就是金山银山"和"创新、协调、绿色、开放、共享"的发展理念，建立健全流域生态环境保护补偿制度，按照"谁获益，谁补偿""谁污染，谁赔偿""谁污染，谁治理"的原则，明确流域上游市县承担保护生态环境的责任，并以"环境共治、产业共谋"作为总体要求，鼓励流域上下游市县之间积极探索多元化补偿模式，走出一条生态优先、绿色发展的新路子。

海南省保亭黎族苗族自治县 建立赤田水库流域横向生态保护 补偿机制

一、案例背景

保亭县域内赤田水库是三亚市饮用水水源地，长期担负着下游三亚市用水安全的重要责任。宁远河、陵水河分别贯穿保亭县和三亚市、保亭县和陵水黎族自治县（以下简称陵水县）的主要河流，以上水源地及河流流域水质的优劣关系到三亚市、陵水县、保亭县3个市（县）的水质好坏，更关乎"大三亚"旅游经济圈饮水和生态安全。保亭县委县、县政府始终把赤田水库、宁远河及陵水河流域综合治理工作作为重要任务，列为"六水共治"攻坚战和生态环境保护的重点工程。

二、主要做法

（一）通力合作，深入调研，推进流域横向补偿

（1）主动对接，完善补偿依据，市县通力合作。保亭县委、县政府主要领导多次主动与三亚市、陵水县对接，召开多次沟通协调会，制定市县联动协商工作机制、会议决策机制、跟踪调度报告机制，加强市县协调沟通，商讨解决治理工作存在的问题，加快推进流域综合治理工作，并取得积极成效。2019年8月，三亚市、保亭县两地政府首次签订《赤田水库流域上下游横向生态保护补偿协议》。2020年6月，保亭县与三亚市再次签订《赤田水库流

79

域上下游横向生态保护补偿协议（修订）》。2021 年，保亭县人民政府分别和三亚市人民政府、陵水县人民政府签订《2021 年藤桥河和宁远河流域上下游横向生态保护补偿协议》《陵水河流域上下游横向生态保护补偿协议》。

（2）深入调研，完善方案定蓝图。

一是保亭县委、县政府多次针对赤田水库流域生态环境保护综合治理工作开展深入调研，主要领导多次主持召开赤田水库流域工作专题会议并深入一线调研，有效督促工作落实。

二是成立赤田水库生态环境保护综合治理工作领导小组、赤田水库生态环境保护综合治理工作专班、海南省赤田水库流域联合整治指挥部、赤田水库流域种植业面源污染治理工作专班等，制定"赤田水库作战图"。

三是印发《赤田水库流域面源污染监测体系建设项目实施方案》等 20 余个具体配套工作方案，明确年度、季度节点目标及资金安排等，细化有针对性和可操作性的年度项目清单，共 21 个重点项目。

（3）建立流域生态差异化补偿标准体系。

一是三亚市和保亭县充分考虑河流上下游区域的经济发展水平差异，在设置补偿金标准时适当增减，实行"季度核算、年终结算"的补偿办法。监测点水质各考核因子季度水质监测值均达到或优于季度考核目标值的，由三亚市（下游）按 300 万元 / 季度补偿给保亭县（上游）。若监测点某一考核因子季度水质监测值未达季度考核目标值的，由保亭县（上游）按 300 万元 / 季度补偿给三亚市（下游）。

二是陵水县和保亭县实行"季度核算、年终结算"的补偿办法，监测点水质各考核因子季度水质监测值均达到或优于季度考核目标值的，由陵水县（下游）按 36 万元 / 季度补偿给保亭县（上游）；若监测点某一考核因子季度水质监测值未达季度考核目标值的，由保亭县（上游）按 36 万元 / 季度赔偿给陵水县（下游）。

（二）完善监测，协同治理，开展面源治理

（1）多点布局，完善流域断面监测网络。保亭县以全面覆盖性、空间代表性、历史延续性、满足管理需求的原则进行断面布设，分别在汇入上一级河流的河口、跨市县交界处、河段流程较长的河段增设控制断面，在流域经济发展较为迅速的地方设置监测点。同时，结合上一年度各断面水质状况，加测特征污染物和增加监测频次，及时掌握小流域水质量状况和变化趋势，提高水环境预警预报能力。基于断面水质监测数据，保亭县整合多部门的水文水资源信息，建设流域主要污染物监控、管理及预警平台，实现流域实时连续监测和远程监控，及时掌握流域水环境质量。

（2）扎实开展多面污染源治理。保亭县积极采取测土配方施肥、水肥一体化、主要农作物病虫害监测预报、病虫害专业化统防统治等措施防治农业面源污染。制定了《保亭县赤田水库流域二级保护区生态屏障水岸缓冲带项目实施方案》，建设赤田水库流域二级保护区（保亭）生态屏障水岸缓冲带，对赤田水库流域二级保护区（保亭）水产养殖进行清退补偿，完善三道镇区域排水治污配套工程，有效巩固流域治理成效。

（三）创技术、引资本，探索实现农业生态价值新路径

一是保亭县加强与中国热带农业科学院环境与植物保护研究所的技术合作，充分利用研究所技术团队、国内外专家群体的专业知识，协助解决赤田水库流域种植业面源污染治理工作中遇到的难题，同时指导谋划项目、制定治理技术措施、编制工作方案等，为保亭提供技术力量支撑，共同推进赤田水库流域种植业面源污染治理工作。

二是保亭县开展赤田水库流域（保亭）生态循环农业试点项目，吸引社会资本参加生态环境保护、修复和治理。

三是开展赤田水库流域生态环境导向开发模式（EOD）试点与赤田水库流域生态系统生产总值核算（GEP）工作。

三、工作成效

2021 年度保亭县和三亚市、陵水县流域上下游赤田水库三道农场十五队断面全年水质类别为Ⅲ类；藤桥河三道四队断面水质全年水质类别为Ⅱ类；宁远河岭曲村桥断面全年水质类别为Ⅱ类；陵水河打南村断面全年水质类别为Ⅱ类；水质得到提升，均达到考核目标，区域生态环境明显改善，为"大三亚"旅游经济圈的生态安全和饮水安全提供有力保障。

甘肃省肃南裕固族自治县探索内陆河流域生态保护补偿

黑河是我国第二大内陆河流域，流域面积 14.29 万平方千米，纵贯青海省、甘肃省、内蒙古自治区，是河西走廊地区最重要的水源之一，源源不断地为区域经济社会发展注入新鲜血液，滋养和哺育着流域内汉族、藏族、蒙古族、裕固族等各族人民。肃南县地处黑河上游，是流域主要的产水区，每年向下游提供超过 16.3 亿立方米的优质水源，为中下游的长期可持续发展提供了坚实基础。2020 年，肃南县探索建立全国首个内陆河流域水生态补偿机制，从水资源利用、水环境治理、水生态保护 3 个维度入手，突出制度优化、水质达标、路径探索、河湖长制监管运行和资金效益发挥，协同发力，保障流域生态补偿目标稳步实现。

一、突出管理制度优化完善，水资源利用效率稳步提升

在实践中，肃南县将生态补偿工作与现有制度充分融合。加速推进农业水权、水价制度改革，建立健全肃南县水资源资产产权制度，建设水权交易中心 1 处、成立农民用水者协会 5 个，通过开展节水奖励等一系列工作，增强农户节水意识，提升农业水资源利用效率。全面落实最严格水资源管理制度，成立县节水型社会建设中心，对重点用水单位实行计划用水管理，按照用水总量控制指标和各行业用水实际情况，将农业用水、工业用水、生态用水、生活用水等年度用水量下达至各乡（镇）、

各用水户，构建科学有序的计划用水管理体系。通过上述努力，肃南县万元工业增加值用水量由 2020 年的 31.82 立方米 / 万元降至 2021 年的 26.92 立方米 / 万元。

二、突出污染物源头治理，水环境质量不断优化

严格落实水功能区水质达标红线，全面加强城镇污水处理能力，开展城区及乡镇污水处理厂建设及升级改造工程，城区污水处理厂、康（白）集镇、明花乡、马蹄乡、皇城镇污水处理厂项目已全部建设完工并投入试运行。集中开展河道周边垃圾治理，对流域内河道岸线垃圾进行集中清理整治，完善"村收集、镇转运、县处理"农村垃圾处理模式，配套相关设备，从源头控制污染物扩散，减少河道污染物处理压力。2021 年、2022 年鹰落峡断面水质考核中，逐月水质全部达到 Ⅱ 类水标准，90% 以上月份达到 Ⅰ 类标准，全面超额完成指标。

三、突出系统一体化建设，水生态系统健康持续改善

突出山水林田湖草沙冰一体化治理理念，从水生态系统保护出发，全面落实河长制，探索建立了"干群共治，网格管理"的河湖长制工作机制。在各村聘用党员义务巡查员，共同负责辖区内主要河流及湖、渠、水库的管理，形成了乡级河长统筹管、村级河长具体治、党员义务巡查员积极参与的三级管控体系，打通了河湖长制工作"最后一公里"。增加生态护林员岗位，吸收县内生态移民为森林管护员，划分管护责任区 85 个，明确管护任务，责任到人，人均管护面积由 9 026 亩下降到 7 769 亩，提升了管护精度与频率，森林水源涵养能力稳步提升。2022 年荣获甘肃省河长制湖长制工作先进集体，县域节水型社会达标建设完成水利部技术复核。

四、突出生态补偿路径探索，生态效益转化能力不断提升

为确保优质水资源的长期稳定供给，在甘肃省发展改革委、省财政厅、省生态环境厅的大力支持下，肃南县积极与张掖市财政局、市发展改革委、市生态环境局、市水务局等部门衔接，成立了黑河流域上下游横向生态保护补偿试点工作领导小组，建立联席会议制度。经多次协商谈判，2020年6月，肃南县与张掖市甘州区签订了《黑河流域上下游横向生态保护补偿协议》，建立了全国首个内陆河流域生态补偿试点。协议以黑河流域肃南县与甘州区间的鹰落峡水文站水质监测结果为补偿依据，由甘肃省生态环境厅根据《地表水环境质量标准》逐月开展监测。若水质达到或优于Ⅱ类则由甘州区支付肃南县每月10万元，若无法达标则由肃南县向甘州区支付每月10万元补偿。

五、突出补偿资金效益发挥，国家西部生态安全屏障更加牢固

为保障项目顺利实施，甘肃省财政厅和生态环境厅共同设立奖励资金，若断面水质优于上一年度或达到基本项目标准限值，肃南县将获得相应奖励资金。所获资金均被用于污水处理能力提升、水源涵养林建设、生态产业发展项目，水资源高效利用、水环境不断优化、水生态持续改善，进一步巩固了水资源保护成果，形成了"保护－发展－保护"的正反馈循环。同时，为避免"水至为良田，水退为弃壤"现象。通过水生态补偿机制的建设，促进上游地区的水源涵养功能强化，中下游水源供给更加稳定。在严守水资源利用总量红线的基础上，引导上游区域利用好补偿资金，促进区域用水效率提升、水环境持续优化、水生态系统健康水平提高，有助于解决区域生态经济发展中面临的"规模、效率、公平"三大核心问题，促进全流域实现公平、有序、可持续发展。

为进一步发挥水生态补偿对内陆河流域的保护作用，肃南县正在积极

探索境内石羊河、疏勒河以及黑河支流的水生态补偿机制建设，从单一的水质生态补偿模式向水量水质综合补偿转化，为内陆河流域全面开展生态补偿积累更多经验。

第三章

创新纵向补偿机制
践行绿色发展理念

福建省探索武夷山国家公园生态保护补偿机制建设

武夷山国家公园福建片区位于福建省北部，总面积 1 001.4 平方千米，区内居住 3 350 余人，是我国唯一一个既加入世界人与生物圈组织，又是世界文化与自然双遗产保护地的国家公园。近年来，武夷山国家公园以建立健全生态补偿机制为重要路径和手段，坚持保护第一、生态优先，着力打造世界文化与自然遗产保护、自然生态系统保护与社区发展互促共赢的典范。2021 年 9 月 30 日，国务院印发《关于同意设立武夷山国家公园的批复》。10 月 12 日，第一批 5 个国家公园正式设立，武夷山位列其中，为进一步推动建立以国家公园为主体的自然保护地体系提供了模式和范本。

一、主要做法

（一）创新生态补偿机制，践行绿色发展理念

2020 年 8 月，福建省政府办公厅下发《关于建立武夷山国家公园生态补偿机制的实施办法（试行）》，包括公益林保护补偿、天然商品乔木林停伐管护补助、林权所有者补偿、商品林赎买、退茶还林补偿、绿色产业发展与产业升级补助等 11 项补偿内容，探索建立以资金补偿为主，技术、实物、就业等补偿为辅的生态保护补偿机制。生态补偿机制实施以来，对园内 133.7 万亩公益林，按照 32 元 /（亩·年）的标准给予补偿，比公园

武夷山国家公园

外的其他公益林增加 9 元；对 5.41 万亩天然乔木林，按公益林补偿标准给予停伐补助；对重点区位商品林，通过赎买、租赁、生态补助等方式进行收储；对 7.76 万亩集体所有的景观林实行山林所有者补偿，实现生态效益与旅游收益共享；对 4.4 万亩毛竹林实行地役权管理，并给予一定补偿；对 1.08 万亩集体人工商品林参照天然林停伐管护补助标准予以管控补偿。对园内的茶园面积实行总量控制，只减不增。加大对古建筑、古遗址、摩崖石刻、红色文化、朱子文化、野生动植物科普教育基地及茶文化等人文资源的保护性补助。

（二）释放生态补偿红利，促进绿色发展转型

通过打造生态茶产业、生态旅游业、富民竹业，探索绿水青山变为金山银山的有效途径，促进生态保护与社区经济协调发展，形成了"用 10% 面积的发展，换取 90% 更重要区域的保护"的管理模式。打造生态茶业，指导开展地理标志申报和绿色认证，建立"龙头企业＋农户"的经营模式，支持创办"合作社＋茶农＋互联网"的运作模式，实现标准化生产、规模化经营，形成品牌效应。打造生态旅游业，实施访客容量动态监测和环境容量控制，从旅游收入中向林权所有者补偿，支持开发生态观光游和茶文化体验游，引导村民发展森林人家、民宿等。打造富民产业，引导竹

农开展丰产毛竹培育，大力推广林下种养业。

（三）优化社区规划建设，改善社区生态环境

编制乡村规划和制定管理措施，规范建设，强化管控，加大整治。开展乡村污水治理和环境整治，建立卫生保洁长效机制。因地制宜开展生态移民搬迁。建立社区参与决策、参与经营、参与监督、参与服务机制。建立"布局合理、规模适度、减量聚居、环境友好"的国家公园居民点体系。

二、工作成效

（一）生态系统原真性、完整性不断加强

武夷山国家公园福建片区重要自然生态系统、自然遗迹、自然景观和生物多样性得到系统性保护，森林植被加快恢复，森林覆盖率达96.7%；野生动植物种群数量增加，发现雨神角蟾、福建天麻等新种，昆虫类发现1 000多个新种类；生态环境质量更加优异，大气、地表水、森林土壤各项指标均达到国标Ⅰ类标准，其中空气负氧离子浓度常年处于"非常清新"水平，水质持续优化，土壤主要重金属含量均下降一半以上，当地群众真

武夷山燕子窠生态茶园

正享受到大自然的馈赠，天蓝地绿水净、鸟语花香的美好家园得以实现。

（二）产业体系绿色化、生态化更加凸显

与国家公园生态系统相得益彰的产业体系初步构建，入口社区文旅融合产业圈初步形成，民宿、乡村旅游、生态茶、毛竹、林下经济等绿色产业加快发展。国家公园内桐木村、坳头村人均年收入分别达2.3万元、2.9万元，是南平市平均水平的1.35倍和1.7倍。南源岭村支部书记胡德清说："环境保护好了，口袋里的真金白银也越来越多了"。国家林业和草原局评估专家组认为，武夷山国家公园初步实现了绿色产业优、生态环境美，达到了人与自然和谐共存。

（三）生态文明新理念、新风尚加快形成

"尊重自然、顺应自然、保护自然""良好的生态环境是最普惠的民生福祉"等生态文明理念在试点中得到进一步强化，"保护第一、全民共享、世代传承"的国家公园理念深入人心，绿色、低碳、循环的生产生活方式加快形成，公众对国家公园的认同感、归属感不断增强，从"要我保护"向"我要保护"转变。森林文化、古越文化、朱子理学、茶文化等武夷山文化遗产得到充分挖掘、保护和弘扬。

安徽省岳西县开展鹞落坪国家级自然保护区生态保护补偿

一、基本情况

岳西县鹞落坪国家级自然保护区位于皖鄂两省三县交界处的包家乡境内，面积为 123 平方千米，于 1991 年 10 月经安徽省政府批准建立，1994 年 4 月经国务院批准晋升为国家级自然保护区。该保护区属于典型的北亚热带亚高山森林生态系统，自然条件优越，动植物区系复杂，生物资源丰富，几乎囊括了大别山所有的生物种群和植被类型，保存有大面积的天然次生林和一批珍稀、古老孑遗物种，素有"绿色宝库""植物基因库""天然动物园""百草药园""濒危动植物避难所"之美誉。该保护区曾是中国工农红军第二十八军坚持鄂豫皖 3 年游击战争的大本营。2006 年，该保护区内红二十八军军政旧址被列为全国 100 个红色旅游经典景区之一，是开展爱国主义教育和党史学习教育的重要基地。

二、主要做法

该保护区是全国首个全部在农民集体山场上建立起来的国家级自然保护区，山场均归农民集体所有，由农户承包经营，区内下辖 4 个行政村 81 个村民组，居民 5 700 余人，鹞落坪保护区公益林总面积达到 18 万亩。保护区的建设和发展是生态文明建设的重要抓手，保护区在改善生态环境、维护生态安全、保障国民经济持续发展、保护生物多样性等方面发挥着重要作用。建立有效的生态综合补偿机制能进一步保护区内的森林资源、水资源和矿产资源，为当地积极保护生态、转变群众生产生活方式、促进绿色发展转型和持续改善生态环境等方面提供了根本保障，推动实现生态环境保护与经济社会协同发展。

（一）健全补偿机制，激励生态保护行为

生态综合补偿标准与保障群众的生产生活直接关联，是生态综合补偿机制顺利实施的关键。岳西县充分考量了公益林标准与其他保护区的特色做法，制定了多项机制。

一是实行国家级公益林同等标准的生态补偿。当地政府按照 15 元 /（亩·年）的标准予以补助，扣除护林员工资等刚性支出后，群众实际享受 14.25 元 / 亩，按照人均 28 亩的公益林来计算，每人平均每年能享受到补偿 399 元。

二是实行保护区差异化生态补偿。岳西县考虑到鹞落坪国家级自然保护区的生态屏障重要性，对该保护区内特种用途林实行差异化生态补偿机制，印发了《关于鹞落坪国家级自然保护区特种用途林差异化生态补偿的实施意见》。

三是实施大别山区（潜河流域）水环境生态补偿。该保护区处于潜河流域源头，该县明确以治理为主、治管并重，在确保水质达标、并力争优化的基础上，逐步加大对潜河上游水源地进行补偿实施水环境生态补偿。同时，常态化开展当地群众技能培训和就业帮扶。多元化的补偿机制有效解决了保护与发展的直接矛盾，增强了当地群众转变发展方式的信心。

（二）保护绿水青山，转变生产生活方式

岳西县地处大别山腹地，水能资源较为丰富。由于盲目开发和规划设计不够科学合理等因素，该县小水电给生态环境也造成了一定影响，枯水期下泄流量不足导致河道断流，影响群众生产生活和河流生态，尤其是建在国家自然保护区内的电站影响更大。为实现绿色发展，维护河流健康，岳西县依法对位于鹞落坪国家自然保护区的 10 座小水电站实施关停拆除，并同步实施河流综合治理。保护区在大力保护青山绿水的同时，积极作为，转变当地群众生产生活方式，从"靠山吃山"到"靠山富山""放下斧头，走出山头，来到田间地头，发展产业尝到甜头"。全域推进有机农业发展，发展高山有机茶园面积达到6 100亩，人均茶叶年收入达8 000元，户均近3万元。鼓励支持群众因地制宜发展四季豆、灯笼椒等高山蔬菜，面积达3 000余亩，产值达1 200余万元，当地群众生活真正步入小康。

（三）融合红色文化，促进绿色发展转型

鹞落坪国家自然保护区充分发挥红色资源优势，积极满足大众探寻红色历史的诉求，把红色革命文化资源融入旅游产业中，推动红色旅游产品和服务不断提升，实现保护与发展共赢。早在2006年，保护区内红二十八军军政旧址景区开始重建，被列为全国100个红色旅游经典景区之一，成为开展革命传统、爱国主义教育和党史学习教育的重要基地。近年来，保护区深入践行"绿水青山就是金山银山"的理念，充分发挥保护区植被覆盖率及空气负离子浓度双高优势，让"绿色"成为发展强劲动能。保护区充分利用红二十八军红色文化资源和保护区的绿色生态资源，因地制宜，大力发展农家乐，逐步将保护区及周边地区打造成知名休闲养生养老基地。

岳西县鹞落坪国家级自然保护区

保护区周边已登记注册开办农家乐 81 户，设置床位 3 000 余张，年接待游客约 16 万人次，产值近 3 000 万元，户均年纯收入约 18 万元，最高达 50 多万元。直接带动就业约 300 人，间接带动就业约 200 人，其中脱贫人口约 100 人。

鹞落坪国家级自然保护区高山有机茶园

（四）多方协同推进，改善生态环境状况

强化顶层设计，岳西县制定《岳西县生物多样性保护战略及行动计划》。利用国际生物多样性日等纪念日开展系列宣传活动，建立政府引导、各界参与的保护模式，形成全民参与的良好氛围。通过退耕还林、封山育林、

水生动物增殖放流、林草工程修复等措施，加大生态修复力度。严厉打击保护区内违规违法行为，不断加强野生动植物物种的栖息地保护，强化森林系统保护和野生动物管理。保护区主要保护物种种群数量持续增加，主要保护对象状况稳定，真正实现了人与自然的和谐共生。

人不负青山，青山定不负人。"十四五"时期，岳西县鹞落坪国家自然保护区将进一步完善推进生物多样性保护相关政策制度，强化自然保护地长效监管机制，严控重要生态空间和生物资源的开发和利用，继续探索生态产品价值实现的"红""绿"融合发展路径，描绘出一幅生态美、百姓富、人与自然和谐共生的美丽新画卷。

四川省若尔盖县在湿地核心区开展生态保护补偿

一、基本情况

四川省若尔盖县地处青藏高原东北边缘，面积约为10 620平方千米，平均海拔3 500米，辖7个镇6个乡1个牧场，总人口8万人。县域属国家重点生态功能区，是黄河、长江重要水源涵养地和黄河上游重要生态屏障，有世界上最大的高原泥炭沼泽湿地，享有"中国最佳生态休闲旅游名县""中国最佳自然景观旅游名县"等美誉。近年来，若尔盖县将"绿起来"与"富起来"紧密结合，大力推进辖曼沙地综合治理试验示范基地、若尔盖防沙治沙综合示范区、省级防沙治沙试点项目建设和川西涉藏州县生态保护与建设，在湿地核心区开展一次性补偿、季节性限牧还湿等生态补偿，群众生态保护意识不断增强，区域环境得到明显改善，野生动物数量逐步增多，基本实现了"禁得住、有效益、不反弹、能致富"。

二、主要做法

（一）坚持治理与保护并进，扎实开展草畜平衡工作

将"四乱"治理与扫黑除恶相结合，重点打击违规采沙行为，截至2021年年底，拆除非法沙场建筑20余间、采沙机具5套，依法没收违规沙石5万余立方米，平整及恢复场地470余亩。划定畜禽养殖禁养区4 253平

方千米，新建标准化养殖场 5 个，依法关停搬迁禁养区畜禽养殖场 5 家，养殖废弃物处理设备配套率达 100%，废弃物处理和资源化利用率达 90%。大力实施湿地生物多样性保护及环境治理等生态环保工程，近三年治理湿地沙化土地 8.2 万亩、鼠虫害土地 240 万亩，湿地生态系统更加稳定。在保护区实验区和缓冲区内积极开展草畜平衡工作，实施面积达 13.1 万亩。修建多功能活动巷道圈 232 个，聘请草畜平衡管护人员 232 人，有效夯实了畜牧业

若尔盖国家湿地公园

发展基础，缓解了草畜矛盾。

（二）创新机制加强资金统筹，拓展湿地生态保护补偿渠道

开展"社会受益、政府负责、全民参与"的多元化生态补偿模式，合理提高生态补偿标准，拓宽生态补偿资金筹集渠道，加强生态资金整合，建立规范、高效的生态补偿资金分配机制。开展湿地生态保护补偿试点，完成补助性退牧还湿面积 97 万亩、季节性退牧还湿面积 2.6 万亩、禁止性退牧还

湿面积 1.6 万亩。在湿地核心区开展一次性补偿、季节性限牧还湿补偿、禁牧还湿补偿、草畜平衡补偿，对全县 127 万亩湿地 1 385 户群众进行湿地生态保护补偿。加大财政投入，实施退耕还林、退牧还草、退牧还湿等生态工程，增加造林面积 3 161 万亩。同时，对以湿地为主要保护对象的国家级自然保护区开展均等化服务建设，激励引导保护区内居民自愿有偿搬迁至区外，鼓励引导牧民转产转业，推行"种植代替养殖"保护新模式，综合治理退化湿地，逐步提高草原植被覆盖度，增强高寒沼泽草甸水源涵养功能。

（三）多措并举提高管护能力，扩大湿地生态保护成效

整合生态管护公益性岗位，按照就近就地原则和人均管护湿地面积不低于 7 800 亩、河道不低于 5 千米的标准，设置湿地资源管护岗位 326 个，每年人均工资 1 万元。充分运用 GIS 地理信息技术、互联网等现代先进技术手段，采取"无人机＋管护员"的双联动方式，深入开展湿地综合管护工作，做到巡护无死角、管护无遗漏。成立"四川若尔盖高寒湿地生态系统国家定位观测研究站"等科研基地，与中国林业科学研究院湿地研究所等科研院校合作开展科研监测，为保护区生态监测提供了技术保障。抓好广泛宣传，调动群众参与积极性，建设湿地文化科普栈道，加大生态保护、科普教育、世界环境日等宣传力度，利用"世界湿地日""野生动物保护月""高原湿地观鸟赛""湿地摄影大赛""盛夏雅敦节"等活动，深入开展湿地宣传活动，普及湿地相关知识，群众爱护生态、保护环境的意识日益提升。

三、工作成效

通过三年生态综合补偿试点工作的开展，湿地得到有效恢复，湿地生态功能明显提升，农牧民参与湿地保护的积极性显著提高，实现了生态建设与牧民增收"双赢"。

（一）保障了湿地生态系统健康

通过实施湿地生态保护补偿，试点地区湿地生态系统持续向好，确保了湿地面积不减、水量充足、水质优良和生物多样性稳定，试点区域内黑颈鹤、高原狼等重点保护野生动物栖息地生态环境质量得到提升，无外来

物种入侵现象发生，生态效益补偿成效较为明显。

（二）增强了湿地生态保护意识

开展湿地生态保护补偿在一定程度上缓解了地方湿地保护管理资金和管护人员不足问题，提升了湿地的保护管理水平，同时增强了当地牧民群众对湿地、草原、森林等生态系统的保护意识，湿地保护行动逐渐由消极被动转为积极主动，为广泛、深入、持久地开展湿地生态环境保护奠定了基础。

（三）提高了牧民群众收入水平

实施湿地生态保护补偿、湿地管护补助，确保牧民群众在保护、修复湿地工作中损失的经济利益得到合理补偿，带动牧民群众增收致富。同时，通过湿地资源保护恢复，极大提升了区域景观质量，促进了生态旅游发展，为周边地区经济社会可持续发展提供了重要保障。

青海省泽库县全面落实草原生态保护补偿

近年来,泽库县始终牢记"国之大者",坚决扛牢保护生态重大政治责任,全面落实国家草原生态保护补助奖励机制政策,切实组织草原生态管护员协助草原监理部门对牧户履行禁牧和草畜平衡责任情况进行监督、巡查。全县共聘用2 682名草原生态管护员。

一、加强领导、规范管理

为确保全县草原生态管护员队伍建设工作全面落实,泽库县各部门切实加强组织领导,明确责任,结合本地实际,认真制定草原生态管护员管理办法、实施方案。青海省林业和草原局、省财政厅、省扶贫局联合下发了《青海省生态护林员管理细则》和《青海省生态护林员绩效考核办法》,泽库县人民政府制定了《泽库县建档立卡贫困人口生态管护员管理细则(试行)》,有计划、有步骤地加以推进。根据《青海省重点生态功能区草原日常管护经费补偿机制实施办法》规定,全县草原管护员每人每月1 800元的补助,全部由省财政补助解决。管护员报酬实行"基础工资+绩效工资"发放的办法,基础工资每季度发放一次,绩效工资为全工资的30%,将草原生态管护员劳动报酬与绩效考核挂钩,每年年底由县草原监理机构和各乡(镇)政府考核称职后一次性兑现,不称职不予兑现。全部采用"一卡通"的方式发放。

二、严格聘用、明确职责

在草原生态管护员的聘用上严格录用程序，落实管护责任。按照"因地制宜、按需设置、明确责任、择优选用、注重素质、创新机制，新增岗位管护员全部从当地精准识别建档立卡贫困人口中聘用"的原则，严把录用关，严格审查、培训、考核和聘用。同时，进一步明确管护员职责，要求积极协助县、乡（镇）草原监理人员对村委会、合作社和牧户的载畜数量和减畜数量进行核定、清点、监督；对管护区禁牧和草畜平衡区放牧情况进行日常巡查，建立巡护日志；负责对监管责任区草原基础设施、鼠虫害发生、草原火情、草原乱占滥挖及采挖野生植物等情况进行监管报告，积极开展草原保护法规和政策宣传，及时举报草原违法行为；配合草原监理机构进行草原生产力监测工作和草原防火工作等。

三、加强培训、严格考核

草原生态管护员由泽库县自然资源局草原站和所在乡（镇）人民政府双重管理，县草原站定期进行巡查，制定发放统一的管护员巡查记录本，对草原生态管护员职责履行情况进行指导和监督，并进行业务培训。制定了切实可行的培训方案，将草原法律法规和政策、草原监管技能等作为主要培训内容，多范围、多层次、有目的、有重点地开展培训，做好培训台账，培训考核合格后持证上岗。通过有效培训，使草原生态管护员掌握履行职责所必需的基本技能，不断提升草原管护员履职能力，提高草原管护水平。县自然资源局草原站会同乡镇（管委会）人民政府、村委会、草原生态管护乡级组长于每年3月对上年度草原生态管护员履行职责情况进行一次考核，考核标准依据有关规定执行。

四、加强监督、宣传贯彻

泽库县林业和草原局与草原生态管护员签订责任劳务协议书。草原生态管护员对牧户开展林草保护、林草项目的实施监督、组织当地群众积极参与开展林草生态保护，发现问题及时上报，并每月向有关部门上报巡查工作情况；同时，草原管护员把政策宣传作为自身工作的一部分，积极宣传禁牧制度，引导村民转变"靠山吃山"的传统观念，提高生态保护意识，动员社会力量搞好草原生态综合治理工作。草原生态管护员制度的有效实施，使草原禁牧得到了一定程度的监管，消除了许多火灾隐患，对加强草原资源保护和可持续利用发挥了积极的作用。

第四章

打造农牧特色品牌
推进产业转型发展

福建省武夷山市积极推动
"三茶"统筹创新发展

一、基本情况

武夷山市地处闽赣两省交界地带，是福建省北部重要绿色腹地。全市土地面积2 803平方千米，人口24.59万人，全市共有茶园面积14.8万亩，涉茶人员12万人，约占全市人口的50%，截至2022年7月，武夷山全市注册茶叶类市场主体21 118家，规上茶企40家，市级以上龙头茶企21家，涉茶电商企业1 727家，主要从事茶包装、茶物流、茶机械、茶食品企业160家。

二、主要做法

武夷山市按照福建省、南平市产业工作部署，奋力推进"三茶"统筹发展。组建武夷山市"三茶"统筹创新推进工作专班，工作专班下设"一办三专班"，即"三茶"工作综合协调办公室、茶文化工作推进专班、茶产业工作推进专班、茶科技工作推进专班，具体负责组织协调"三茶"工作，做强茶产业、发展茶科技、振兴茶文化。

（一）发展茶科技，助力茶产业高质量发展

一是用好"科特派"制度。武夷山市选派一批茶专业技术人员组成科技特派员团队，深入一线服务茶企、茶农，科技特派员来自各大高校、科研院所，针对茶产业为主导的行政村，基本实现科技特派员全覆盖，服务内容涵盖茶叶育种、种植加工、电商营销等茶全产业链。

二是建设绿色生态茶园。开展绿色生态茶园建设，重点推广茶园土壤

环境优化技术、绿色防控综合技术、以虫治虫以螨治螨生物防治技术为主的绿色生态茶园建设模式。生态茶园通过土壤环境优化技术模式，采用"有机肥＋绿肥"方式，即在茶园中夏种大豆固氮，冬种油菜活化磷钾，就地回田转化成"绿肥"供给茶树，提高茶园土壤中的氮、磷和钾等有机质含量，在套种量不足时施用适量高氮低磷中钾的茶树专用有机肥。此模式不仅解决了过量施用化肥导致的土壤退化问题，有效提高茶园养分效率、改善茶叶品质、稳定茶叶产量，还减少了茶树病虫害发生，最大限度保留茶园生物多样性和完整生态链。

（二）振兴茶文化，赋能茶品牌价值提升

一是编撰《武夷山茶志》《茶韵文脉》《岩茶言语》《红茶言语》等武夷茶文化书籍，持续开展武夷茶学术研究；编排武夷茶舞，举办"武夷茶舞"大赛；打造"万里茶道"文化品牌，推出国内首部茶文化主题演出项目"我在万里茶路"，对外发布"三茶统筹 富美武夷""这就是武夷茶"等宣传短视频。

二是常态化举办以茶为主题的各类茶事活动，如武夷山市春茶赛事活动、天心村民间斗茶节、"中国茶乡杯"茶王赛，常态化举办海峡两岸茶业博览会以及承办全国茶业经济年会等国家级活动。

三是建立武夷山市茶文化艺术型专家人才库，筹建武夷山市茶叶学会，建设中国武夷茶博物馆项目、推出大众茶馆项目等，营造浓厚的茶文化氛围。

（三）做强茶产业，推动茶旅文研融合发展

打造茶乡线路和茶研学基地，积极推出茶园生态游、茶乡体验游、茶保健游、茶事休学游等茶旅文研路线，如推出大红袍溯源之旅、燕子窠生态茶园之旅、万里茶道起点寻访之旅、"岩骨花香"漫游道打卡之旅、武夷红茶解密之旅等多条特色茶旅慢游道。依托武夷星、香江等品牌茶企举办茶旅问道、茶旅研学等系列体验活动。重点培育以采茶、制茶、品茶为内容的旅游体验项目，不断丰富茶叶生产、茶艺表演、茶文化交流等旅游活动。打造全国武夷岩茶产业集群燕子窠"三茶"统筹示范区，推动建设燕子窠岩茶体验中心、福建省绿色生态茶园技术推广中心、茶言精舍茶庄园茶文旅融合展示点、小武夷中国茶树种质资源圃。

武夷山市茶博会开幕式

三、工作成效

武夷山市通过做强茶产业、发展茶科技、振兴茶文化，使得茶产业全产业链发展势头良好。荣获 2021 年度"三茶"统筹先行县域、茶业百强县、区域特色美丽茶乡、2021—2023 年度中国民间文化艺术之乡（茶文化）等称号。生态茶园的建设和茶园科技推广，从源头上降低茶叶成本、茶叶品质获得提升，茶叶产量得到提高，茶园产量由原来的亩产量 500 斤[*]左右上升

---

[*] 1 斤 =500 克。以下同。

到现在的 700 ～ 800 斤，武夷山市的 14.8 万亩的茶园，无公害茶园覆盖率达到 100%。茶文化氛围的营造，近年来武夷岩茶知名度持续提升，武夷岩茶连续 5 年位列中国茶叶类区域品牌价值第 2 名，品牌价值 710.54 亿元。茶产业发展后劲足，2021 年干毛茶产量 2.36 万吨，茶叶产值 22.85 亿元，茶产业产值 120.08 亿元，比增 9.3%。茶产业主体实现税收 1.1 亿元，比增 29.43%。

四川省白玉县做强绿色农牧产业园

一、基本情况

四川省甘孜藏族自治州白玉县位于国家川滇森林及生物多样性生态功能区，是四川省生态保护红线"四轴九核"空间格局中的核心区域，生态系统特色鲜明，素有金沙江畔"生态明珠"的美誉。自开展生态综合补偿试点工作以来，白玉县围绕"育龙头、建园区、搞加工、创品牌、促营销"产业发展思路，持续强化平台公司对农牧业转型的赋能作用、产业园区对农产品品牌化的支撑作用、智慧管理对农业现代化的驱动作用，探索出了川西高原农业现代化转型的"白玉样板"。

二、主要做法

（一）强化平台公司赋能作用，做优农牧产业转型土壤

培育市场新型主体，设立白玉藏品农业发展有限责任公司，借助市场化机制，加强定点帮扶等政策引导，带动周边集体合作社、农业大户等农业新型经营主体，培育农牧产业转型载体，加快融入现代化农业产业链。

一是推动土地规模化利用。通过土地流转盘活闲置土地资源，采用高标准种养殖技术提升土地单位产出，形成多个规模化种养殖基地。

二是提升人力资本水平。3年来，依托产业发展浪潮向附近群众提供

大量用工岗位和生产技术指导，其中2021年共举办4期培训，培训群众骨干418人次、一般人员2 148人次，通过"干中学"和集中培训提升了区域人力资本水平，推动农牧民生产生活方式绿色转型。

三是拓展产业资本来源。通过村合作社持股，与招商引资企业成立国有控股公司运营黑山羊项目，探索开展草场、黑山羊等实物入股模式。

四是以技术引领农业产业化发展。为破解农业产业新品种风险高、技术难度大等问题，依托技术支撑团队，积极开展试验试种工作，探索农业产业领域"产学研"结合模式，储备了一批具有推广潜力的动植物品种。

（二）强化产业园区支撑作用，做强农牧产业生态品牌

以农业产业园区为生态综合补偿重要载体，先后实施高原特色农业产业示范园、黑山羊灯龙保种繁育基地、昌台牦牛保种繁育基地、盖玉高原苗木花卉种植基地、白玉县农业实验试种基地等建设项目，为生态品牌战略奠定坚实基础。

一是夯实生态品牌物质载体。依托农牧产业园区，吸引白玉藏品农业发展有限责任公司、白玉县玉牧康源牧业有限公司、甘孜州白玉察青松多生态旅游开发有限责任公司等一批优质企业入驻，形成菊花、藜麦及蔬菜等规模化种养殖场所，为区域生态品牌创建培育市场基础。

二是规范生态品牌绿色生产流程。在种植业方面，尝试使用畜禽粪便作为有机肥施放，推进农药化肥减量增效。在畜牧业方面，提倡舍饲养羊以减少动物对植被的破坏和对坡地的踩踏，增加土壤的保水能力，同时积极发展牧草产业，建立优质高效饲草种植、生产和加工系统，切实推进草畜平衡。通过绿色生产流程构建，黑山羊、马铃薯、燕麦、高原藏菊等一批产品顺利获得有机认证，昌台牦牛通过国家地理标志认证，高原藜麦有机产品认证正在有序进行。

三是推进生态品牌的市场认证。针对不同农牧业产品，先后培育出以"白瑜藏品""金沙林海盛德白玉"等为代表的系列生态品牌商标，依托云巅雪菊、金丝皇菊、林间胎菊、高原藜麦等拳头产品，成功注册涵盖34类产品的"白瑜藏品"商标，初步形成具有可识别性的区域生态品牌。

白玉县黑山羊产业园区

（三）强化智慧管理驱动作用，做长农牧产业生态链条

以智慧农业为农牧产业现代化转型核心，向产业链下游不断延展，建立"基地直供、检测准入、全程追溯"的供货模式，打造"源头可追溯、流向可跟踪、信息可查询"的品质维护体系，不断延长农业产业生态链条，切实增加农产品附加值。

一是强化生产端智慧农业体系建设。以乡镇种植基地气象、墒情、病虫监测仪等硬件为基础，持续搜集数据并最终汇集到智慧农业溯源系统平台，实现生产全方位、全过程的精细化管理，有效避免了大面积病虫害，提升了产量和品质。

二是强化流通端智慧农业体系建设。完成企业及农产品信息库的组建、管理、查询、分配，设置防伪条码、二维码，建立覆盖整个白玉县食品溯源安全的管理系统。

三是强化营销端智慧农业体系建设。丰富线下销售渠道，在成都等终端消费品市场附近，设立生态产品前置仓、体验店。拓展线上销售渠道，利用电商平台等在线销售场景，探索直播带货模式，拓展生态产品终端市场和目标客户群体。

三、工作成效

（一）生态价值转化路径有效拓宽

通过生态综合补偿试点，打造出重点高原藏菊试验试种、白玉黑山羊保种繁育等7个特色农牧产业基地和1个州级现代农业园区，拓展出新型农业细分产业5个，2021年全县完成青稞、油菜、蔬菜播种面积6.48万亩，推广良种4.77万亩，完成牦牛畜种改良及品种选育3 000头。2019—2021年，累计建成高标准农田1.71万亩。

（二）生态价值实现规模不断扩大

产业龙头白玉藏品农业发展有限责任公司2019—2021年实现销售额4 848万元，产品销售利润率达20%，其中黑山羊产业实现销售收入1 090万元，菊花茶产业实现销售收入620万元，藜麦产业实现销售收入320万元，野生菌产业实现销售收入52万元，蔬菜产业实现销售收入177万元。

（三）生态利益共享水平持续提升

探索开展生态保护联动产业发展的"造血型"生态补偿，以生态产业创造就业岗位，带动群众务工就业，优化群众就业结构，其中赠科现代高原特色农业示范园区2019—2021年累计使用临时性用工1.2万余人，兑现劳务费340余万元，预计高原特色农业产业示范园二期建成后，将新增数千劳动力就业岗位，当地群众通过劳动力输出可增收600万元。

云南省贡山独龙族怒族自治县建设草果和中蜂两个"百里绿色经济带"

贡山独龙族怒族自治县（以下简称贡山县）地处中缅、滇藏结合部，是全国独龙族唯一聚居区和怒族主要聚居区，是由原始社会直接过渡到社会主义社会的"直过区"。全县面积 4 381.53 平方千米，2020 年总人口 3.48 万人，人口密度 8 人/平方千米。全县森林覆盖率 80.46%，林地面积 576.4 万亩，其中森林面积 528.1 万亩，占林地面积的 91.6%，天然林面积 522.1 万亩，占森林面积的 98.9%。全县 70% 的土地属于"三江并流"世界自然遗产核心区，55.6% 属于高黎贡山国家级自然保护区，自然景观层次丰富，动植物资源保存良好，被誉为"天然基因库""活的博物馆"。按照 2018 年印发的云南省生态保护红线规定，贡山县生态系统主导服务功能为生物多样性保护和水源涵养，划入生态保护红线范围内的面积为 3 828.04 平方千米，占国土面积的 87.41%。

近年来，贡山县牢固树立"创新、协调、绿色、开放、共享"的新发展理念，以维护国家生态安全、加快美丽中国建设为目标，以完善生态保护补偿机制为重点，以提高生态补偿资金使用整体效益为核心，不断创新生态补偿资金使用方式，拓宽资金筹集渠道，探索建立多元化生态保护补偿机制，有效调动全社会参与生态环境保护的积极性，逐步转变发展方式，增强自我发展能力，促进生态文明建设迈上新台阶。

2020年，贡山县出台《贡山县生态综合补偿试点县实施方案》，以"两山"理念为导向，按照"以人为本、政策扶持、项目支撑"的基本要求，"生态优先、还利于民"的基本目标，建立生态产业引导保障机制，推动贡山县特色产业发展，建设草果和中蜂两个"百里绿色经济带"，夯实脱贫攻坚成果，有效衔接乡村振兴。

贡山县根据实际情况，以乡、镇或行政村为单位成立特色农产品生产合作社，带动失地、少地农民增收致富，通过优选品种、种养专业指导、病虫害防治、农产品收购等举措实现"供、产、销"一体化经营管理，在保障群众经济收益的同时走出一条"脱贫攻坚、共同致富"的小康之路。

一、促进草果产业提质增效，建设草果绿色经济带

草果产业是贡山县的支柱产业，也是贡山县农户持续增收的重要来源，2019—2021年，贡山县通过涉农资金整合、民族团结进步示范、农业生产发展等项目资金开展草果种植发展项目，积极调动群众种植草果热情，坚持生态建设产业化、产业发展生态化的发展思路，依托县域独特的自然地理气候优势，着力打造以草果为核心的绿色香料产业。截至2021年年底，贡山县草果种植面积34.74万亩，产量6 450吨，产值6 183万元。通过建设生产运输通道和生产运输索道提高草果种植和采收效率，增强管护能力，有效降低管护成本和运输成本，促进群众增收，目前已经建设生产运输通道200千米、生产运输索道80千米，推动了贡山县草果产业发展壮大，促进群众收入稳定提升，惠及农户约8 000户24 000余人。

二、以"怒江花谷"生态建设为契机，全力推进中华蜂产业建设

贡山县为大力发展中华蜂产业，在实施道路美化、田园风光建设、村镇美化亮化等项目中结合旅游发展和林果产业发展，完成种植蜜源树种紫薇、樱花、樱桃、水蜜桃、银杏、石榴、柿子、辛夷花、金橘、碧

贡山县草果产业提质增效喜获丰收

桃等 17.69 万株，同时结合退耕还林完成种植桃树等蜜源树种 1.49 万亩。2021 年，全县中华蜂养殖 30 100 群，实现产值 468 万元。建设中华蜂文化产业园区，园区坐落于贡山县丙中洛镇丙中洛村打拉二组，占地面积 27 亩，分三期 4 个部分进行建设，已完成投资 1 000 万元并投入使用。项目建成后可壮大贡山县生态蜂蜜产业规模，带动广大农户实现持续增收。

三、多元结合，发展林下经济

近年来，贡山县独龙江乡探索出了"林＋畜、禽""林＋蜂""林＋菌""林＋游"等发展模式。"林＋畜、禽"是尝试产业化养殖当地特色品种独龙牛和独龙鸡；"林＋蜂"是采用奖补的方式鼓励群众自做传统蜂箱，在草果地招引独龙蜂，拓宽了农户的增收渠道，同时提高了草果的挂果率和产量，二者互利共生；"林＋菌"是独龙江乡抓住珠海对口怒江州羊肚菌种植帮扶项目的机遇，结合产业结构调整，鼓励群众在耕地或草果地套种羊肚菌；"林＋游"是利用独龙江峡谷的生态环境发展生态旅游，通过开展特色旅游村建设，

贡山县中华蜂养殖基地

打造生态农业、独龙族文化体验、原生态民俗体验游。贡山县结合林木品种和气候、土壤条件，利用二级以下公益林林下空间，在不破坏乔木、灌木前提下，以"龙头企业＋生态扶贫专业合作社＋林权所有人"的模式，试点发展木耳、灵芝、金耳、银耳、黄精、石斛、重楼、山药等林下产业，实现公益林抚育和产业发展双融合。

贡山县通过建设草果和中华蜂两个"百里绿色经济带"，从实际出发，因地制宜、自主创新、积极探索，优化生态补偿资金使用方式，逐步实现由"输血式"补偿向"造血式"补偿转变，生态保护者的主动参与度明显提升，有效提高了群众的生产收入，夯实巩固了脱贫攻坚成果。

西藏自治区隆子县打造黑青稞产业生态化模式

一、基本情况

隆子县位于西藏自治区南部,喜马拉雅山东段北麓。县城距山南市行政驻地泽当镇 143 千米,距西藏自治区首府拉萨市 300 千米。县内以高寒特征为典型,其保护与建设在西藏自治区乃至全国具有特殊重要性。2019 年,隆子县成功申报西藏自治区首个国家"两山基地"建设示范区。隆子县是西藏自治区 35 个粮食主产县之一,是青稞粮食安全重要保障地。与其他县不同的是,隆子县主要种植黑青稞。隆子黑青稞是经过千年的种植而形成独特的当地品种,也是地理标志农产品。

二、隆子县打造黑青稞产业生态化模式

(一)黑青稞产业生态化模式的理论构建

以黑青稞产业生态化为重点,构建主体和客体明确、补偿标准合理、补偿方式合适、补偿政策制度完善的高原农牧业产业生态化的补偿机制。在国家两山基地生态产业发展投资端,以政府生态产业先导资金为基础,联合社会资本,农牧区以生态资产入股,助力打通从"绿水青山"到"金山银山"。在建设与运营端,鼓励和引导企业开展"投建管服一体化"建设,成立农合组织参与建设和运营管理。在严格保护生态环境的前提下,

鼓励和引导以新型农业经营主体为依托，加快发展黑青稞种植业和加工业，并特别开发连接黑青稞特色的文化产业和旅游业，实现生态产业化和产业生态化，支持龙头企业发挥引领示范作用，建设标准化和规模化的原料生产基地，带动农户和农民合作社发展适度规模经营。

（二）黑青稞产业生态化的"6以"实践活动

以种植为基础，以深加工为手段，以品牌为推手，以互联网为渠道，以文化为媒介，以休闲观光旅游为落脚，整合"种植、加工、品牌、文化、旅游"为一体，做到"延长产业链，提高附加值"，打造传统农耕与现代高效农业相结合的新模式。

（1）以"种植"为基础，强化种植基地，重点落实耕地保护和良种培育，提高种植数量和质量。"种植"是把控黑青稞产量和品质的根本，也是实施黑青稞产业链延伸的根本。2018年全县粮食播种面积4.85万亩，其中青稞播种面积3.5万亩；全年粮食产量1.99万吨，其中青稞产量达1.7万吨，荣获自治区级青稞生产先进县。

（2）以"深加工"为手段，重点集中在糌粑加工、黑青稞酒、黑青稞醋，将青稞种植向第二产业延伸，做到种植加工一体化，迈出增值第一步。隆子县加玉黑青稞加工基地自运营以来，累计加工黑青稞糌粑158万斤，销售156万斤，实现销售收入1 246万元。成立西藏稞源农业开发股份有限公司，致力于开发加工黑青稞酒和黑青稞醋，实现年创收1 200万元，年净收入200万元以上。

（3）以"品牌"为推手，落实黑青稞产品标准化、统一化、品质化；借助国家地理标志保护认证，将品牌进一步名牌化。组建西藏山南加玉农产品发展有限公司专门负责黑青稞的加工和销售，在国家投资策划制定的包装基础上注册了"加玉"牌商标并完成商标优化和外包装策划。已顺利完成黑青稞农产品地理标志认证、无公害认证、商品条码认证及产品许可认证，黑青稞国家地理标志和黑青稞糌粑国家地理标志认证，农产品地理标志证明商标认证。目前"隆子黑青稞"和"隆子黑青稞糌粑"为地理标志农产品。

（4）以"互联网"为渠道，实施"互联网+"战略，将隆子黑青稞及黑青稞制品，突破地域限制，立足地区，面向全国，扩大产品销售范围和品牌知名度，迈出增值第二步。隆子县被列为全国电子商务进农村综合示范县。

（5）以"文化"为媒介，整合青稞开播仪式、历史渊源、旺果节、民族特色风情，将隆子黑青稞附加文化属性，将其脱离简单的种植和加工，成为高原特色文化的载体。

（6）以"休闲观光旅游"为落脚，立足万亩青稞景观、旺果节、节庆祭祀，加快黑青稞生产向第三产业融合，迈出增值第三步，发展黑青稞观光休闲旅游，形成"种植、加工、品牌、文化、旅游"一体化。隆子县进一步延伸黑青稞产业链，推广农业观光旅游，弘扬古人智慧、传承高原特色农耕文化。

（三）模式实施成效

（1）生态效益。通过永久基本农田保护、小型农田水利工程、秸秆还田、施用有机肥等措施，有效改善了土壤环境。为了保障黑青稞品质，逐步降低化肥和农药的施用量，逐步推广有机肥使用。

（2）经济效益。提高了青稞附加值。从青稞初级品，到初加工的糌粑，再到深加工的青稞酒、青稞啤酒和青稞白酒，价格呈现倍数增长；农牧民也能从青稞种植中增加收入。

隆子县黑青稞产品

（3）社会效益。黑青稞深加工的两条生产线覆盖原建档立卡贫困人口146人，每年人均增收1 200元以上，增加了农牧民就业。西藏稞源农业开发股份有限公司自成立以来，解决就业10万余人次，带动黑青稞种植户增收，实现了当地边民不离乡、不离土增加收入，巩固拓展了脱贫攻坚成果。

青海省玉树市推动打造
绿色有机品牌

玉树市紧密结合自身特色和优势，紧盯"做好生态综合补偿试点的有益探索和生动实现，形成可复制、可推广典型经验"的目标任务，着力打造特色品牌，全力构建产业链条，推动绿色有机农畜产品输出地主供区建设，为高原地区提供典型样板。

一、基本情况

玉树市地处三江源核心地区，加强草原生态保护，促进牧民增收，对加快牧区经济社会可持续发展，构建和谐社会具有重大意义。2021 年以来，玉树市充分发挥自然、生态等资源优势，把玉树牦牛、玉树扎什加羊、玉树黑青稞作为生态综合补偿优势生态产业进行重点培育，按照"生产规模化、经营企业化、产业组织化"的思路，以创建绿色有机农畜产品输出地主供区为目标。2022 年 5 月，玉树市玉树牦牛、玉树黑青稞、玉树扎什加羊纳入农业农村部 2022 年"全国名特优新农产品"名录，成为青海首批纳入全国名特优新农产品名录的产品。全力打造"世界牦牛之都，中国藏羊之府"整体品牌，推动青海省牦牛、藏羊畜禽遗传资源开发与利用的可持续发展。

（一）玉树牦牛

玉树牦牛是玉树高原的特产畜种，对严酷的高原生态条件有极好的适应能力，称得上是唯一能够适应高海拔、严寒、缺氧、缺草等恶劣严酷自

玉树市青稞种植及产品深加工

然条件的特有家畜品种资源，与藏民族生产生活息息相关，牦牛成为高寒牧区不可替代的生产生活资料。青海省政府在《关于加快推进生态畜牧业建设意见》中提出，立足玉树州草地畜牧业牦牛资源优势，着力打造高原特色畜牧业品牌"牦牛之都"，塑造原产地文化，推广产区品牌形象的举措。打造牦牛产业品牌战略是玉树发展之基、兴旺之道，是保持畜牧业可持续发展、增加农牧民收入、保护生态环境和谐发展的重要保障，是着力创新发展模式、推动绿色发展、加快产业结构调整和发展方式转变的重要保证。国家支持青海等涉藏工作重点省经济社会发展和新一轮西部大开发的深入，生态立省战略的实施，强农惠农政策体系的推进，为"玉树——中国牦牛之都"品牌的打造和产业化发展提供了难得的机遇。

（二）玉树扎什加羊

扎什加羊是在青藏高原海拔 4 500 米以上生态环境相当恶劣条件下形成的青海藏羊类群的一个分支，是当地牧民群众赖以生存的生产生活资料，是青藏高原的经济畜种之一。该品种与省内其他地区的青海藏羊相比，具有耐严寒饲养耐粗放管理、生产性能强、生长发育快、肉质鲜美、毛质柔细、保暖性好等基本特征。近年来，随着生态畜牧业建设工作的实施，结合乡村振兴工作重点，在玉树范围内推广养殖具有地理区位优势的本地羊种——扎什加羊，通过本品种选育方法进行选育繁育，提高其生产性能，养殖效益初现。曲麻莱县核心产区存栏扎什加羊 13.94 万头，玉树市通过合作社养殖 4 000 余只，带动近 1 000 个农户年增收 300 元 / 人。

（三）玉树黑青稞

为提升青稞产业化发展水平，实现农牧业增效和农民增收，青海制定实施《牦牛和青稞产业发展三年行动计划（2018—2020 年）》。2019 年青海青稞种植面积超 6 万公顷，占粮食作物的 1/4，产量 16 万吨，约占涉藏工作重点省（青海省、四川省、云南省、甘肃省）青稞总产量的 20% 以上。黑青稞作为青稞中的"贵族"，更是成为了助力青海扶贫攻坚中的"金种子"。青海省青稞加工量已占青稞总产量的 1/3，青稞商品化率达到 83% 以上，是全国青稞加工转化率最高的省份。

二、主要做法

近年来玉树市认真贯彻青海省委、省政府关于推进全国草地生态畜牧业试验区建设的战略部署，大力发展生态畜牧业，在坚持生态优先的同时，积极发展农牧业，优化产业生产格局，加快传统畜牧业向现代生态畜牧业的转变，提高畜牧业经济效益。生态畜牧业发展模式的全面推行，是破解草畜矛盾，保护生态，促进经济可持续发展的必由之路，是"中国牦牛之都"品牌打造和产业化发展的重要机遇。

（一）围绕以构建高原生态屏障为核心，加快传统畜牧业向现代畜牧业的转型升级

一是强化牲畜品牌意识，进一步推进牦牛藏羊提纯复壮工程。扩大牦牛核心群的规模化建设，为玉树藏族自治州良种繁育和畜群结构调整提供了种源保障。

二是为充分发挥"野牦牛的故乡"之优势资源，在西部六乡建成50户的野血牦牛繁育基地，年繁育能力达1 200头以上，为本品种选育提供了保障。

三是随着新型经营主体的不断培育，各试点单元的特色资源潜力凸显，通过龙头企业的带动，形成了"公司＋合作社＋社员"的经营模式，玉树藏族自治州称多县高原牦牛畜产品责任有限公司从牛羊肉简单包装冷冻实现了牛羊肉精品包装加工，年牛羊肉制品生产能力达到3 500吨；曲麻莱县肉食品有限公司2022年屠宰量达10 000头以上；称多县巴颜喀拉乳业有限公司年产乳制品500吨，与周边的2019户奶农达成协议。积极与北京首农集团对接，在农畜产品市场营销、研发加工、设备更新、人才培养等方面达成双向互赢合作框架协议。

（二）企业为主，政府推动

一是强化企业在品牌建设中的主体作用，充分调动和激发企业创建品牌积极性。积极转变职能，强服务理念，加强前瞻研究和规划引导，健全完善相关政策，不断增强品牌建设意识，提高自主创新能力，积极引导企业开展品牌建设，加强对品牌的宣传、培育和保护。

二是坚持先进科技同制造业对接、创新成果同产业对接、创新项目同现实生产力对接，激发全社会创新活力和创新潜能，依靠科技进步创建品牌，把增强自主创新能力和提高管理水平作为增强品牌竞争力的根本途径，加大科技投入，加强质量管理，扶持精致制造，打造工业精品，实施品牌战略，坚持以质量增效扩市场求发展。

三是尊重市场经济规律，突出市场在资源配置中的决定性作用。充分发挥市场机制，推动企业围绕消费需求打造品牌。加大重点产业领域品牌培育力度，扩大品牌在市场竞争中的知名度和影响力。

四是动员全社会各方积极参与和推动品牌建设，形成企业为主、政府推动、社会参与、促进有力的品牌建设机制。整合各方资源，努力形成质量、技术、服务、信誉为一体，市场与社会公认的玉树牦牛、玉树扎什加羊、玉树黑青稞区域品牌，提升产品市场竞争力。

玉树高原拥有无污染、绿色的畜牧业生产环境，具有高营养价值的天然牧草，饮用天然纯净的高原矿泉水，浸润着具有独特底蕴的藏文化。虽然目前玉树牦牛、藏羊、青稞等产业发展处在起步阶段，部分企业停留在粗加工阶段和初级产品层次，产业链条短、附加值低、增收贡献率不高。玉树市将继续大力推进高原纯天然绿色农畜产品品牌打造和高档次产品开发，提高农畜产品附加值，实现农副产品"一条线"服务，提高农牧民收入，推动生态综合补偿试点取得积极成效，增强自我发展能力，提升优质生态产品的供给能力。

第五章

生态优势助推文旅
资源禀赋全民共享

江西省井冈山市红色旅游反哺绿色生态

井冈山位于江西省西南部，被誉为"中国革命的摇篮"和"中华人民共和国的奠基石"。境内 100 多处革命旧址遗迹是一个没有围墙的革命博物馆，成为人们陶冶情操、振奋精神的生动课堂。近年来，井冈山市依托丰富的红色革命资源推动红色教育培训高质量发展的生动实践被列入"全国红色旅游发展典型案例"。"十三五"时期，井冈山累计举办培训班 28 880 余期，培训学员 171.8 万人。

在推动红色旅游蓬勃发展的同时，井冈山市一直坚持红绿融合，秉承"绿水青山就是金山银山"发展理念，着力保护秀美生态，巩固绿色生态优势，空气质量优良天数稳定在 97% 以上、断面水质 100% 达标，荣获"国家生态文明建设示范市"、国家级"'绿水青山就是金山银山'实践创新基地""中国天然氧吧"等称号。

为更好地促进红绿资源良性融合、推动经济高质量发展，井冈山市在生态综合补偿试点工作中，努力探索打通两山转换通道，制定了一项财政生态补偿政策，即每年从旅游收入中拿出 100 万元，对井冈山国家自然保护区及下属 5 个国有林场的森林资源保护进行补偿，为实现全域旅游示范提供了绿色景观基础保障。

井冈山市茨坪核心景区全貌

一、政策背景

既要金山银山，更要绿水青山。旅游业一直是井冈山的传统支柱产业。2021年，全市以旅游产业为主的第三产业增加值已经占到全市GDP的71.3%。尤其是近10年来的红色旅游，始终保持着迅猛的发展势头，井

冈山红色旅游已然成为全国红色旅游的领头羊和示范样板。如何在红色旅游迅猛发展的基础上，加快绿色生态产业发展，促进红绿资源优势互补，是摆在井冈山市面前的一项重要工作。井冈山市委、市政府审时度势，按照"全时、全业、全域"的理念及时制定了全域旅游发展规划，探索以红色旅游反哺绿色生态的路子，进一步拓宽井冈山旅游的内涵，丰富井冈山旅游产品，促进红色旅游和绿色生态旅游齐头并进、同步发展。

二、现实意义

井冈山市森林资源丰富，拥有林地面积 179 万亩，森林覆盖率达81%，森林蓄积量突破 1 200 万立方米。在全市红色旅游产品日益接近极限饱和的情况下，利用和保护好丰富的森林资源，开创红绿交相辉映的新型旅游模式，对促进井冈山旅游的持续健康发展，具有极强的现实意义。为此，井冈山市出台政策，每年从旅游收入中拿出 100 万元，专门用于井冈山自然保护区及下属林场森林资源保护。一方面对森林资源进行了有效保护；另一方面也拓宽了红色旅游的路子，为绿色生态旅游、全域旅游发展奠定了坚实的基础。

三、工作成效

（一）治绿护绿全面加强

通过生态综合补偿等多种措施，大力实施天然林保护工程，井冈山市全面健全了公益林管护制度，圆满完成了 22.6 万天然林保护工程任务，79

井冈山市大仓民宿

万亩省级以上公益林得到有效管护。同时，进一步加大了对林地、湿地、古树名木、野生动植物等自然资源的保护力度，强化森林防火和林业有害生物防治措施，森林资源完整度和生态安全得到大力保障。

（二）商品林培育成效显著

随着生态补偿资金的逐年到位，各大林场造林积极性进一步提高，商品林培育取得了耀眼成绩。截至 2021 年年底，全市商品林面积已达 92.3 万亩，活立木蓄积量 448 万立方米。其中，天然商品林面积 36.8 万亩，活立木蓄积量 138 万立方米；人工商品林面积 55.5 万亩，活立木蓄积量 310 万立方米。根据 2019 年全国第七次森林资源二类调查数据结果显示，井冈山人工商品林中成熟林（蓄积量 135 万立方米）比例已达到 43.47%。

（三）楠木产业不断壮大

依托井冈山的树种资源及自然地理条件优势，以井冈山国有林场、重点乡镇为主要建设区域，建设以楠木为主要树种的珍稀树种培育基地。采取新造与改培相结合，运用封、改、补、造等各种营造林手段，重点培育楠木、红豆杉等乡土珍贵树种，促使全市珍贵树种资源总量递增。2012—2021 年，全市累计完成楠木造林 2.23 万亩。

（四）竹木产业带动致富

以实施竹类特色产业建设为抓手，围绕"基地建设集约化，加工生产规模化，市场销售多样化，经营管理科学化"目标，落实相关产业奖补政策，积极引导竹产业健康快速发展。全市毛竹面积由 2012 年的 20 万亩扩大到 2021 年的 25 万亩，毛竹总株数由 3 100 万株增长到 4 500 万株，竹业经济年产值由 2012 年的 8.2 亿元增长到 2021 年的 13 亿元，有力带动了山区群众脱贫致富。

（五）林下经济效益显著

坚持"以林为主、保护第一"的原则，紧紧围绕全域旅游发展、国有林场改革、集体林权制度改革和退耕还林后续产业开发等政策措施，充分发挥林地资源和林荫空间优势，加快林下经济发展。通过生态补偿资金的注入，进一步推进了全市林药、林菌、林菜、林牧等立体开发，大力发展森林旅游业，实现林业以短养长，提高林地综合利用率和产出

率，努力实现"不砍树、能致富"目标。全市林下经济经营面积由 2012
年的 12 万亩扩大到 2021 年的 18 万亩，年产值由 2012 年的 1 亿元增长
到 2021 年的 1.8 亿元。

（六）休闲旅游蓬勃发展

加快推动观光休闲景区景点项目建设，着力打造"春赏花、夏纳凉、
秋采摘、冬健身、一年四季农家乐"的井冈山旅游观光链条，休闲观光
农业得到长足发展。通过多年努力，井冈山市的休闲农业和乡村旅游从
无到有、从小到大，取得了长足进展。以井冈山国际杜鹃花节、"江西
风景独好"等旅游系列节庆活动为契机，以美丽乡村建设推进为载体，
导入休闲、旅游和养生等功能的观光休闲产业，提升农林业的生态价值、
休闲价值和文化价值，带动了乡村振兴，实现了第一产业与第三产业的
有机融合，先后荣获"全省旅游发展十佳县（市、区）""最美旅游名片"
和"首批国家全域旅游示范区"称号。

贵州省江口县实现生态补偿与全域旅游共赢

近年来，江口县深入践行"绿水青山就是金山银山"理念，立足生态优势、资源禀赋，创新探索"资源保护、产品开发、市场消费、资产盘活"4个体系，深入推进生态综合补偿与全域旅游融合发展，实现互利共赢。2021年，江口县实现生态旅游收入53.75亿元，同比增长38.6%，三次产业结构占比50%以上。

一、构建旅游资源保护体系，加强全域旅游基础

一是齐抓"共"护。建立"领导＋部门＋企业＋村社＋公众"的旅游资源保护共同体，形成"上下联动、分级负责、属地管理、部门协作、社会参与"的生态保护新机制。成立以县委、县政府主要领导任"双组长"的旅游资源保护领导小组和工作专班，明确责任，把旅游资源保护工作纳入年终绩效目标考核体系。

二是活用"智"护。按照"一资源一方案"原则，对旅游资源实行精细化、智慧化、专业化保护管理，利用无人机、大数据和人工智能对县域旅游资源进行勘察、采集、记录、追踪、更新，并建立了旅游资源大数据智能分析展示平台。已对梵净山世界自然遗产地、4个3A级以上旅游景区、6个乡村旅游示范点和5个景区景点进行实时动态监测保护。

三是强化"法"护。坚持规划管控原则，发挥法律规制作用，编制完

成江口县涉旅规划 27 个，配合市级部门编制《梵净山景区总体规划》等文化旅游产业发展规划 5 个。严格执行《铜仁市梵净山保护条例》，建立生态环境公益诉讼制度，建成全市首个环境保护法庭。截至目前，受理环境资源类案件 262 件，实施"补植复绿"39 件。

二、强化旅游产品开发体系，塑造全域旅游品牌

一是开发"特"品。充分利用地标特点、民族文化元素、农特产品等资源优势，开发传统手工艺品、文化创意产品、旅游纪念品、特色食品、土特产等特色旅游产品。目前，紫袍玉、牛干巴、米豆腐、"羌寨萝卜猪""抹茶宴"等特色产品不断涌现。2022 年 3 月，成功创建市级以上旅游商品 20 个，年产值达 2 亿元。

二是打造"优"品。规划设计以梵净山文化旅游创新区为核心，红色文化、民族文化为内涵，山地户外体育运动为补充，"春踏青赏花、夏纳凉度假、秋采摘体验、冬览雪泡泉"为支撑的优质精品旅游线路。目前，推广发布了"探秘原始村落""康养观光""健身徒步"等主题旅游线路，建成梵净山周边常规精品旅游线路 3 条、研学旅游线路 2 条。

三是升级"产"品。深入推进旅游全要素提升、全产业融合，构建"旅游+农业+工业+体育+健康+教育"融合发展新模式，开拓"商养学闲情奇"旅游新要素。目前，成功创建 18 个农旅结合农业园区和 3 个特色产业园区，建成全国最大抹茶生产基地、全省最大冷水鱼养殖基地，形成户外拓展训练营、水上乐园等体旅融合新业态。

三、健全旅游市场消费体系，增强全域旅游效益

一是育强市场主体。建立领导干部常态化联系民营企业制度，出台《江口县促进民营经济健康发展的实施意见》《江口县民宿客栈发展管理办法（试行）》，发展壮大旅行社、旅游酒店等旅游市场主体。目前，培育旅行社 10 家、精品旅游饭店 20 家、农家乐 501 家、乡村旅馆及客栈民

江口县梵净山环境保护法庭

宿 1 000 余家。

二是拓展客源市场。建立宣传推广旅游品牌机制，着力开发客源市场。依托武陵山旅游发展联盟等平台，与湖南湘西、张家界、怀化等周边城市开展旅游合作，共建旅游精品线路，巩固省内及周边客源市场。2021 年，旅游接待 561.33 万人次。

三是提质消费配套。在城市特色商业街区、A 级旅游景区、星级旅游饭店、游客集散中心、客车站规划布点"江口有礼"连锁专卖店，打造"豆腐干一条街""夜市一条街""特色一条街"等夜间经济，提档吃穿用住行，激活"二次消费、多次消费"，基本形成了江口旅游商圈。2021 年，接待国内过夜游客 73.41 万人次，同比增长 12.49%。

四、建立旅游资产盘活体系，提升全域旅游动能

一是提质增效一批。按照"一个项目、一名牵头领导、一个工作专班、一个工作方案"要求，制定了《江口县大力实施盘活闲置低效旅游项目攻坚行动方案》，并组织开展县域旅游产业发展项目大调研，摸清闲置低效旅游项目情况。目前，《江口县寨沙侗寨踩歌堂盘活提升方案》已制定完成。

二是改造升级一批。大力开展农村闲置宅基地和闲置住宅盘活利用试点工作，探索农村闲置房屋盘活利用路径，鼓励利用闲置农房发展符合乡村特点的乡村旅游、餐饮民宿、乡居康养等新产业新业态。截至目前，利用闲置住房发展群山之心、梵静山舍等餐饮民宿65家，带动就业500余人，人均增收1.1万元/年。

三是资产确权一批。积极引进法律、审计、评估等专业机构参与，根据产权结构依法依规对低效资产逐一确权。同步开展林权、水权、土权等确权工作，实现生态旅游资源开发、规划和生态旅游建设项目实施等旅游资源的合理配置，激发了旅游复苏内生动力，促进了旅游业高质量发展。

西藏自治区嘉黎县全域旅游驱动发展转型

一、基本情况

嘉黎县地处唐古拉山与念青唐古拉山之间，属藏北高原与藏东高山峡谷结合地带的高原山区，属念青唐古拉山南翼水源涵养和生物多样性保护区，是自治区重点生态功能区。平均海拔 4 500 米，东连昌都市边坝县和林芝市波密县，南临林芝工布江达县、拉萨市墨竹工卡县，西接拉萨林周县、当雄县，北依那曲市色尼区和比如县。地形地貌属于北高原与藏东高山峡谷结合地带的高原山区，水资源丰富，年降水量 708.4 毫米；年平均气温为零下 0.7 摄氏度，年日照时数 2 514.9 小时。面积 13 069 平方千米，以草原为主，森林覆盖率 14.7%。

二、主要做法

（一）地方政府顶层持续推动，培育一批核心景区

嘉黎县文化和旅游局牵头，借助市场化机制和定点打造等政策引导，打造一批核心景区，打造嘉黎旅游品牌。

一是政府规划先行，围绕"西藏秘境"制定以生态旅游景区为主的全域旅游发展总体规划及片区修建性详细规划，按照"一轴"（省道 302 旅游景观轴）、"三线"（旅游南线、北线和东线）、"五景"（国际重要

湿地及国家级湿地保护区麦地卡、林堤拉岭阿叶达塘旅游景区、措多乡草原生态旅游景区、嘉黎镇人文历史旅游景区、易贡藏布尼屋旅游景区）规划布局，持续推进生态旅游业发展，随着试点实施工作深入，已开展嘉黎县全域旅游发展总体规划及重要片区修建性详细规划设计工作。

二是打造重点景区，整合旅游资源形成以"点"带"面"的渐进式开发模式。重点开发"易贡藏布尼屋旅游景区""麦地卡湿地""独峻大峡谷景区""依噶瀑布景区""嘉乃玉措""拉日苯巴"等龙头景区；着力打造茶马古道、尼屋乡依嘎瀑布、藏比乡六村天然溶洞、"一居两湖"，形成嘉黎旅游相互呼应、互联互通的新格局。开辟完善班禅家乡朝圣游、神山神湖风情游、嘉黎独俊大峡谷风光游、世界最高牧场特色游、西藏秘境等精品旅游线路。

三是完善基础设施，对拉日寺及沿途古迹进行修缮。推动大峡谷风景名胜区保护工程，配套旅游游客集散中心、旅游信息中心、各景区救援站。建设推进阿扎镇、尼屋乡等特色旅游村镇建设，打造旅游休闲度假基地。推动"便民警务站""便游服务站"建设，建立综合性旅游服务平台和旅游信息网，健全旅游安全预警和应急机制，完善旅游应急救援等安全救助体系。

（二）区域旅游要素综合开发，实现产业转型升级

嘉黎县以旅游产业链条构建为生态综合补偿重要载体，带动中小企业、集体合作社、农牧民等经营主体共享发展，初步形成现代化旅游产业链条的规划。

一是保护生态资源，旅游业的发展必须建立在旅游地生态环境的承载力之上，把对自然生态资源的保护与开发相结合，以湿地、森林等要素保护，为嘉乃玉措国家湿地公园、独俊景区等一批景区造景、护景。截至2022年7月，嘉黎县统筹谋划区域生态环境重点项目，累积抚育森林200亩，有效增强景区内森林涵养水源、保持水土、优化水质、净化空气、调节气候的生态功能，为全域旅游厚植生态资产。

二是培育人文资产，在旅游开发过程中，将当地传统文化蕴含的思想观念、人文精神、道德规范与旅游要素相结合，提供浸入式人文旅游体验，

通过申报非遗名录、培育非遗传承人，持续增强嘉黎县旅游品牌影响力，为全域旅游提供丰富的人文资产。

三是创新旅游模式，打造"生态游、体验游、民俗游"的特色旅游风情小镇，研发推广"嘉黎"系列旅游商品，引导建设休闲农业园、乡村民宿、精品度假村等。以民俗文化和自然景观为载体，发展自驾营地、房车营地、露营地、度假营地以及智慧景区等新型旅游项目，提高旅游业服务质量，拓宽客源市场；发展赛马节等节庆文化旅游，打造特色乡村旅游摄影展，鼓励创建"牧家乐"和开发本土民俗风情表演项目等。

（三）旅游产业链建设完善，实现"一二三产"融合发展

嘉黎县以旅游产业发展为经济增长新动能，以游客服务为核心导向，实现旅游产业链闭环发展，增强区域产业结构对旅游产业的有效支撑。

一是旅游与农牧业融合发展，基于旅游餐饮需求发展农牧产业，加快开发娘亚牦牛、神山"智美"蔬果、尼屋林下资源等特色农畜产品，打造一批具有旅游观光价值的生产基地，带动区域内休闲农牧产业发展。

二是旅游与中藏药融合发展，基于旅游纪念品发展中藏药产业，建成藏北地区重要藏药材生产园区，探索人工虫草种植项目，推进藏药产品林场应用基础研发，推进藏药材资源圃、野生药材抚育基地和藏药材人工驯化基地建设，形成冬虫夏草、藏贝母、尼屋灵芝、尼屋野生松茸、手掌参、藏红花等拳头产品，并通过发展中藏药综合加工，自创护肤产品"安达美容"。

三是旅游与民族手工业融合发展，基于旅游纪念品需求发展民族手工业，重点发展雕刻、唐卡壁画、藏毯、民族服饰等系列产品。以旅游业纪念品和民族生活必需品为重点，促进民族手工业与旅游业发展相融合。促进民族手工艺传承者与企业的联合发展，提高产品设计水平、工艺流程、生产质量和经营效益。

第六章

先行先试勇于探索
多措并举谱写新篇

海南省出台全国首部省级生态保护补偿条例

一、案例背景

为全面践行"绿水青山就是金山银山"理念，加快生态文明体制改革，建立健全生态保护补偿机制，2020 年 12 月 2 日，海南省第六届人民代表大会常务委员会第二十四次会议审议通过了《海南省生态保护补偿条例》（以下简称《条例》），并于 2021 年 1 月 1 日起施行。这是国内首部省级层面关于生态保护补偿的专门性地方法规。《条例》的出台与实施是推进海南全面深化改革的一项重要制度举措，不仅完善了海南建设国家生态文明试验区的顶层设计，还有力推动解决了生态环境保护与经济社会发展相互制约的机制性问题。

二、基本情况

（一）《条例》总体思路及结构

《条例》注重地方性、平衡性和系统性间的相互统一，旨在统筹重点领域补偿和突破"条块分割"限制，强调政府主导和企业、社会参与的有机结合。通篇采用总分结构，在明确立法目的、基本原则、部门责任的基础上，以政府主导、推动市场化多元化补偿方式为核心设置主体内容，辅之以相应的监督管理与法律责任条款，构建清晰、完整的结构体系。

（二）《条例》的制度建设情况

2021年，根据《条例》并经海南省政府同意，海南省发展改革委会同相关行业主管部门建立了生态保护补偿厅际联席会议制度，制定了《海南省生态保护补偿2021—2022年度工作计划》，进一步明确部门责任、细化年度任务，按领域、分行业统筹推动生态保护补偿工作。此外，海南在现有生态保护补偿资金管理制度基础上，建立生态保护补偿评价、激励、约束联动机制，将补偿资金与生态保护成效挂钩，对生态保护考核结果优秀的市县给予奖励，提高补偿金额，激励市县加大生态环境保护力度。

（三）《条例》的具体实施情况

一是持续推进重点区域生态保护补偿。《条例》的实施与海南热带雨林国家公园由"试点"向"正式设立"转换相同步，有效推动了热带雨林国家公园建设进程。2021年，海南在实施原有重点区域生态保护补偿政策的同时，针对热带雨林国家公园等自然保护地的生态系统进行GEP核算，通过生态赎买、搬迁以及特许经营等多种方式对保护热带雨林国家公园的主体进行有效补偿。

二是不断优化流域上下游横向生态保护补偿机制。海南在总结2018—2019年流域上下游横向生态保护补偿试点经验的基础上，实施了新一轮横向生态保护补偿，并选取赤田水库开展创新试点。为保证创新试点的顺利推进，海南制定出台了《赤田水库流域生态补偿机制创新试点工作方案》，并统筹资金设立赤田水库流域综合治理资金池，三年共安排6亿元专项资金用于赤田水库流域综合治理。2021—2022年，省财政共下达3亿元，专项用于赤田水库流域综合治理项目建设。

三是大力推广市场化、多元化生态保护补偿方式。海南在推动绿色标识、绿色产品、绿色建筑、特色产业发展等方面成效明显。在绿色标识方面，截至2022年4月，海南有机产品认证获证组织72家，获证证书131张，认证类型包括植物类、加工类、野生植物采集类、畜禽类、水产类等5个方面。在特色产业发展方面，海南的琼中绿橙、五指山红茶等特色农产品逐步形成了具有市场影响力的品牌，得到越来越多消费者的认可。

三、工作成效

《条例》实施后，海南的生态保护补偿工作成效显著，生物多样性保护日益加强，湿地生态系统修复取得积极进展，江河水源涵养区和重要水源地保护进一步加强，生态环境质量保持在全国领先水平。

（一）增加生态保护补偿资金投入，逐步拓展生态保护补偿资金来源

2021 年，海南重点区域、领域生态保护补偿资金显著增加，特别是政府资金为推进海南生态保护补偿工作提供了重要支持。与此同时，海南拓展生态保护补偿资金来源的工作也在逐渐展开，基于海南特有的生态环境和自然资源优势，探索多渠道筹集生态保护补偿资金的新路径，如在部分生态综合补偿试点地区，探索从旅游门票收入、自然资源使用权收益等资金中抽取一定比例专门用于生态保护补偿的方式方法。

（二）重点区域、领域生态保护补偿工作齐头并进

2021 年，海南继续加大对重点生态功能区、自然保护区等重点区域的生态保护补偿支持力度，如 2021 年重点生态功能区转移支付安排海南全省各市县 39.59 亿元，同比增长 10.6%。此外，随着重点领域主体责任的明确与落实，各重点领域的生态保护补偿工作均有了长足的进展，如在耕地领域，海南在省级财政层面安排专项资金 3 864 万元，用于开展农作物重大病虫害绿色防控、化肥农药减施等工作。

（三）优化补偿方式，强化生态保护补偿的正面激励效应

自《条例》实施以来，海南以提高资金使用效率和"造血"能力为目标，逐渐优化生态保护补偿方式，推进生态保护补偿由以往的"输血式"向"造血式"转变。特别是在经济基础较差的中部山区地区，部分市县立足本地实际，以实施市场化、多元化、综合化补偿方式为引领，以本地优势为"支点"，以政府生态保护补偿资金为"杠杆"，撬动本地林下经济、绿色产品、文化旅游等特色产业发展，不仅提高了"造血"能力，还激励了当地农户等主体保护生态环境的积极性，实现了"绿水青山"向"金山银山"的转化。

安徽省休宁县创新打造
生态美超市

新安江发源于休宁县流口地区的六股尖，是安徽省仅次于长江和淮河的第三大水系，也是钱塘江的上游源头。新安江是浙江省最大的入境河流，流域总体面积 11 452.5 平方千米，干流总长度为 359 千米。其中，位于安徽境内的流域总体面积为 6 736.8 平方千米，占新安江整体流域面积的 58.8%。黄山市的整体覆盖面积为 5 856.1 平方千米，占安徽段总面积的 87%；市内干流总长度为 242.3 千米，占新安江整体干流总长度的 66.7%。休宁县域内新安江干流长度 164.4 千米，占黄山市新安江干流的 67.8%；县域内新安江流域面积达 1 984.1 平方千米，占全县总面积的 93.3%，占安徽省境内新安江流域面积的 30%。

近年来，休宁县始终坚持生态立县、绿色发展战略，扎实推进新安江流域综合治理，全面加强水资源及环境保护，大力发展生态产业，全县呈现出经济较快增长、污染持续下降、环境质量不断改善的良好态势，成功入选国家生态综合补偿试点县、首批省级科技支撑生态文明创新型县。

为进一步提升县域村民环保意识，保护村庄环境，改善村容村貌，休宁县积极探索，勇于创新。休宁县流口镇流口村党总支书记在两委会议上提出创立"垃圾兑换超市"的想法，村民可将户内收集的垃圾送至垃圾兑换超市，根据实际需要，兑换所需的生活用品，改变村民随手丢弃垃圾的不良习惯。目前，这种模式已在安徽省内全面推广。流口村"生态美超市"荣获国家八部委颁发的"母亲河奖"。

"清点好了，共 160 个塑料袋，75 个矿泉水瓶，总共 7 分。1 分可以兑换盐，3 分可以换牙膏，4 分可以换肥皂……"每周二，流口村"生态美超市"管理员都会认真讲解积分兑换规则，货架上摆满了食用油、大米、塑料桶等多种多样的生活物品，墙上粘贴了"生态美超市"积分制管理制度。作为全县成立的第一家生态美超市运营以来，共回收塑料瓶 84 万余只，塑料袋 484 万个，易拉罐 13.26 万个，香烟壳 412.6 万个，烟蒂 3.3 万杯。群众累计兑换生活用品肥皂 1.71 万块，牙刷 0.41 万支，黄酒 0.69 万包，洗洁精 1.03 万瓶，食用盐 1.68 万包，鸡精 0.36 万包，牙膏 0.66 万支。

休宁县"生态美超市"实行"县统筹、乡出资、村管理"的运营模式，每周固定一天为兑换开放日，通过"变废为宝得实惠"——垃圾兑换生活用品的方式，实现垃圾整治"变末端清理为源头减量、变被动保护为主动参与、变利益驱动为自觉行为"目标，着力解决新安江源头生态保护系统性、协同性、集约性问题。按照"三合一"模式，设置垃圾兑换窗口、便

休宁县"生态美"超市

民服务窗口、文明宣教窗口，充分发挥垃圾无害化、资源化、减量化"三化"处理的中转平台，便民惠农的服务平台等综合作用，做到生态文明思想宣传教育主题精准化、对象大众化、形式多样化，打造优美环境，做实民生福祉。

休宁县结合乡风文明建设，主动探索乡村治理的新模式，不断丰富拓展"生态美超市"的外延和内涵，创新"生态美超市"积分制，融入"政治、自然、人文、产业、金融"乡村治理五大课题，将乡村治理痛难点量化为积分指标，将"门前三包"、环境整治、庭院美化、志愿服务、护河禁渔、好人好事、捐资援灾、无偿献血等作为加分项目，兑现出乡村治理新成效，激发广大村民参与基层治理的热情。比如，成立积分评定监督委员会，制作"生态美超市"积分存储卡，让"小积分"引领乡村治理新风尚，"小存折"激发乡村治理大活力。"将生态行为转化为绿色积分"已然成为当地百姓生活的新常态，由此延伸出的生态环境效益也日益凸显。

截至 2021 年年底，休宁县已累计建成"生态美超市"108 家，覆盖 21 个乡镇，108 个行政村，数量居黄山市首位，乡镇覆盖率达 100%。

福建省泰宁县积极开发森林经营碳汇

泰宁县地处闽江源头，是国家重点生态功能县、国家生态综合补偿试点县、国家首批生态文明建设示范县、南方集体林区改革试验区，境内拥有世界自然遗产、世界地质公园、国家森林公园等重点生态保护区。多年来，泰宁县认真践行"两山"理念，坚持"保护优先，绿色发展"的理念，不断深化林改创新，持续增值林业资源，全县拥有森林面积达179.8万亩，森林覆盖率达78.4%，林木总蓄积量达1 294万立方米，初步测算，固碳规模1 550万吨，每年可新增碳汇量77.67万吨。在此基础上，泰宁县积极开发森林经营碳汇项目，实现资源增长、生态增效、产业增值、林农增收，走出了一条生态环境"高颜值"、经济发展"高素质"的绿色发展路径。

一、政府搭台，集智聚力

一是发挥政府主导作用，推进森林分类分区经营，综合考虑林业区划、土壤区划、经济区划等相关成果，结合林地和林木等自然资源的种类、数量及分布等现状，界定林地和林木等自然资源资产的产权主体及权利，识别试点区域内生态系统类型，确定区域自然资源面积，由政府主导编制完成《泰宁县森林经营规划（2021—2030年）》。

二是激发市场主体积极性，引导开展联合经营模式，鼓励和引导林农

泰宁县闽江源头水色山光

以入股、合作、租赁、互换等多种方式流转林地承包经营权，探索受让林权、租赁林地、控股经营、合作经营等形式收储和流转林权，推广合作造林、现有林合作经营的"场村共建、合作共赢"模式。

三是借助专家智力，加强林业碳汇核算。结合泰宁县森林资源情况，以森林年净固碳量作为碳中和目标下衡量森林碳汇能力指标，引进第三方专业机构开展监测评估并进行核算，由林业主管部门审定、生态环境主管部门备案签发的林业碳汇量而制发具有收益权且可用于林业产权交易的凭证（即

林票）。截至 2021 年 7 月，按照每年每亩碳汇 0.2 ～ 0.3 吨测算，每年通过森林经营和竹林经营可能产生的碳汇量为 12.64 ～ 18.96 万吨，按照目前每吨市场交易价 9 ～ 11 元计算，泰宁县林业碳汇价值每年可达 110 ～ 210 万元。

二、保护优先，夯实基础

一是巩固提升森林生态系统碳汇能力，泰宁县严格公益林保护，加强

百元面额的"三明林票"

天然林抚育经营，突出商品林提质增效，采用森林全周期经营、目标树经营、近自然经营和生态栽培等技术措施，加快国家储备林基地建设和高价值森林培育，切实提高单位面积森林蓄积量。2020 年以来，共完成植树造林面积 3.87 万亩、森林抚育面积 14.28 万亩、封山育林面积 4.49 万亩；计划"十四五"期间新增植树造林 5 万亩、森林抚育 20 万亩、森林质量提升 10 万亩。

二是落实森林生态系统保护责任，全面推广应用 APP 巡护系统，落实 3.57 万公顷公益林与 3.19 万公顷天然商品乔木林管护责任。实施世界自然遗产地松材线虫病持续控制绩效承包治理项目，专业规范清理松枯死木（枝），松枯死木被控制在 0.1% 以内，防治经验和成效在福建全省推广。

三是持续加大宣传推广力度，加强森林生态保护宣传措施，发放各类宣传资料 3 000 余份，激发群众和相关工作人员保护生态环境的意识及行动自觉。

三、创新模式，多元交易

一是深入实施林业碳汇"三建两创"行动，组建县属国有林场，引入林业专业合作社、股份林场、家庭林场等多方交易主体，积极融入林草碳汇减排交易平台。截至 2022 年 10 月，已完成碳中和林造林 212 亩，计划实施国家储备林项目 20 万亩。

二是探索"会议碳中和"模式，围绕碳达峰、碳中和战略目标，积极对接国家和省级层面以上的大型会议，开展林业碳汇线下交易，助力实现会议碳达峰。2021 年 7 月，泰宁县与世界遗产大会福州市筹备办以 17 元 / 吨的价格完成 300 吨林业碳汇的交易，用以抵消会议产生的全部温室气体，实现第 44 届世界遗产大会"碳中和"。

三是探索低碳节能机关建设。积极推进机关单位碳中和先行，对接绿色机关创建行动，分别于 2021 年 11 月同厦门市湖里区机关事务管理局完成 3 557 吨林业碳汇交易、2022 年 6 月同福州市直机关完成 1 670 吨林业碳汇交易，以实际行动向社会倡导生态文明与绿色低碳发展理念。

四、部门联动，凝聚合力

一是创新联合机制。联合环保、旅委会、国土、住建、农业、林业、水利等 7 个部门，聚焦生态案件立案、查处、检察、审判等环节，建立生态执法大队、生态公安、生态法庭、生态检察"四方联动"生态执法机制和"林长 + 检察长""林长 + 法院长""一林一警"司法护航协作机制。

二是探索修复性执法。建立复绿补植与管护、绿色公益社区矫正基地、生态环境公益诉讼等机制，创新推出"司法碳购令""补植令""修复令"等修复性生态司法方式。

青海省天峻县推动清洁能源产业向高质量发展

近年来，天峻县紧盯打造"生态保护和治理样板县"和"民族团结示范样板县"两个样板县目标，深入实施"生态立县、畜牧稳县、旅游活县、法制安县"的四县战略，主动融入生态"高地"、产业"四地"建设大局，围绕经济绿色转型高质量发展目标，稳步推进清洁能源产业发展，助推经济结构不断优化，生态环境持续向好，社会大局持续和谐稳定。

一、基本情况

天峻县地处青海省东北部、青海湖西侧、祁连山南麓、柴达木盆地东部，是海西蒙古族藏族自治州（以下简称海西州）通往东部的门户之一，也是青海省东部地区通往柴达木地区乃至西藏、新疆的重要通道，历史文化悠久、旅游资源富集、区位优势显著、牧业基础雄厚、生态环境优美，是青海省主要的牧业县之一。天峻县地处高原，常年有风，且平均风速较大，地处布哈河中游的河谷全年 8 级以上大风平均出现 97 天，最多高达 141 天，县域海拔高，空气稀薄，云雨不多，日照时间长，辐射强度高，光能资源较为丰富，县内各地年日照时数 2 552～3 332 小时，年日照百分率为 59%～76%，开阔平坦的布哈河中游滩及高压纳滩，日照时数一般都在 3 000 小时以上，日照百分率可达 70%，发展风电、光电等新能源产业具有显著的地域和资源优势。

二、工作主要做法及下一步发展思路

天峻县以产业"四地"建设为引领，围绕培育"赤橙黑白绿"特色产业发展思路，抓牢乡村振兴重大机遇，把发展壮大特色产业集群作为县域经济发展的重要途径，打好生态、绿色"两张牌"，以顾大局的境界推进生态环境保护与治理，以敢担当的勇气推进基层社会治理，以善作为的方法推进经济社会绿色转型，以深入实施四县战略、奋力打造两个样板县的新成效，为建设"六个现代化新青海"提供天峻支撑。

（一）理清工作思路，力促经济转型有新亮点

近年来，天峻县立足全县各类优势资源，以产业基础高级化和产业链现代化为主攻方向，正确处理经济发展和环境保护的关系，找准天峻产业转型与中央、省、州重大决策部署的结合点，寻找高质量发展的突破口，着力打造新的经济增长极。天峻县毗邻共和盆地、柴达木盆地，对开发风能、太阳能发电具有先天的资源优势和完善的基础条件，对天峻今后发展将形成极具潜力的经济增长点，不仅能够成为天峻县重要产业之一，也能带动县域相关产业的发展，推动产业结构深度调整。天峻县紧跟国家、省、州政策，持续积极对接，大力发展风电、光伏等新能源产业，全力促成招商引资签订的分散式、集中式风电项目落地建设，加快构建光伏、光热、风能利用的"装备制造—发电—负荷消纳—向外输出"产业链，培育新的经济增长点，主动融入清洁能源示范省建设，以高质量的产业结构促进经济社会持续健康发展。

（二）全面加快推进，确保新能源产业良性发展

天峻县立足新发展阶段，贯彻新发展理念，围绕国家"双碳"战略及"2030 年前太阳能、风能发电装机达到 12 亿千瓦"的目标，积极探索绿水青山转化为金山银山的路径，推动全县经济社会稳步转型发展。主动融入国家清洁能源示范省建设，大力发展风力发电、光伏发电等新兴产业，积极推进 20 兆瓦风电项目和分布式光伏发电及储能等项目落地实施。天峻县为夯实"打造清洁能源产业高地"和"清洁能源示范省"建设基础，

充分利用部分可开发的天然草地资源，打牢外送通道工程和新能源项目建设的基础，已建成并网风电项目装机 70 兆瓦，用地 38.23 亩，单位用地强度为 0.54 亩 / 兆瓦；建成光伏项目共 2 兆瓦，用地约 50 亩，单位用地强度为 25 亩 / 兆瓦，已累计上网电量 6 000 万千瓦时。

（三）加快转型步伐，全面夯实绿色发展根基

2022 年以来，天峻县积极融入生态"高地"和产业"四地"建设大局，深刻认识"三个最大"省情定位，积极开展绿色循环经济招商引资工作，紧紧依托县内丰富的风电、广电资源优势，编制完成"十四五"新能源发展规划，采用规模化、基地化、集团化、一体化的思路开发建设，规划"十四五"期间发展风电项目 30 万千瓦，占地面积 50 平方千米，光电项目 200 万千瓦，占地面积 68 平方千米。进一步创新开发模式，成功招引青海碳智汇林生态科技有限公司，签订林草碳汇开发合作协议，牢牢把握碳达峰、碳中和工作开展的重大机遇，充分利用域内丰富的水能、风能及光热资源，健全生态产品价值实现机制，推动碳汇交易进程，增强生态碳汇能力，促进经济结构优化升级，加快实现高质量发展。

天峻县清洁能源产业良性发展

下一步，天峻县将紧紧围绕培育"赤橙黑白绿"特色优势产业发展思路，努力构建绿色低碳循环发展经济体系，积极探索城乡统筹、产城融合、各具特色的发展之路。

一是围绕"赤"，做强牛羊肉产业，大力发展藏系羊和高原牦牛产业，积极探索"政府＋社会＋合作社＋牧民"发展模式，着力打造全州乃至全省高端牛羊肉产品的主要输出基地，建设高原绿色有机畜产品示范县。

二是围绕"橙"，做大香菇产业，围绕创新高原品牌，促进基地迈向产业化发展道路。

三是围绕"黑"，做优有机肥产业，充分发挥天峻独特的资源优势，实现绿色产业生态循环，实现生态保护与农牧民增收双赢。

四是围绕"白"，做好乳制品产业，实施乳制品加工基地及奶站建设项目，积极发展牦牛奶牛养殖基地，打造"天峻牦牛奶"品牌。

五是围绕"绿"，做实旅游业和新能源产业。全面融入"全域旅游·全景海西"发展战略，以两个国家公园为依托，积极谋划培育"生态＋""旅游＋"新业态。主动融入国家清洁能源示范省和全州新能源产业集群建设，充分挖掘风能、太阳能等优势资源，全面发展新能源产业。

附录 1 国家发展改革委《关于印发〈生态综合补偿试点方案〉的通知》

安徽省、福建省、江西省、海南省、四川省、贵州省、云南省、西藏自治区、甘肃省、青海省发展改革委：

为贯彻落实党中央、国务院的决策部署，进一步健全生态保护补偿机制，提高资金使用效益，特制定《生态综合补偿试点方案》。现印发给你们，请结合实际认真贯彻落实。

国家发展改革委

2019 年 11 月 15 日

生态综合补偿试点方案

近年来，我国生态补偿资金渠道不断拓宽，资金规模有所增加，但仍存在资金来源单一、使用不够精准、激励作用不强等突出问题。为进一步完善生态保护补偿机制，按照国务院办公厅《关于健全生态保护补偿机制的意见》等有关文件要求和 2019 年中央经济工作会议的部署，开展生态综合补偿试点，特制定本方案。

一、总体要求

（一）指导思想

以习近平新时代中国特色社会主义思想为指导，全面贯彻党的十九大和十九届二中、三中、四中全会精神，牢固树立新发展理念，以维护国家生态安全、加快美丽中国建设为目标，以完善生态保护补偿机制为重点，以提高生态补偿资金使用整体效益为核心，在全国选择一批试点县开展生态综合补偿工作，创新生态补偿资金使用方式，拓宽资金筹集渠道，调动各方参与生态保护的积极性，转变生态保护地区的发展方式，增强自我发展能力，提升优质生态产品的供给能力，实现生态保护地区和受益地区的良性互动。

（二）基本原则

先行先试，稳步推进。生态综合补偿试点工作涉及多方利益格局调整，要按照"先易后难、重点突破、试点先行、稳妥推进"的要求，扎实做好生态综合补偿试点工作，积累形成一批可复制、可推广的经验，为做好全国生态补偿工作奠定坚实基础。

改革创新，提升效益。鼓励地方从实际出发，因地制宜、自主创新、积极探索，破除现有的体制机制障碍，加快形成灵活多样、操作性强、切实有效的补偿方式。加强制度设计，完善配套政策，优化生态补偿资金的使用，实现由"输血式"补偿向"造血式"补偿转变。

压实责任，形成合力。地方要加强统筹协调，明确各部门职责，及时解决突出问题，把试点工作的各项任务落到实处。要引导企业、公众、社会组织积极参与试点工作，充分发挥各方优势，形成全社会协调推进生态保护的良好氛围。

（三）工作目标

到 2022 年，生态综合补偿试点工作取得阶段性进展，资金使用效益有效提升，生态保护地区造血能力得到增强，生态保护者的主动参与度明显提升，与地方经济发展水平相适应的生态保护补偿机制基本建立。

二、试点任务

（一）创新森林生态效益补偿制度

对集体和个人所有的二级国家级公益林和天然商品林，要引导和鼓励其经营主体编制森林经营方案，在不破坏森林植被的前提下，合理利用其林地资源，适度开展林下种植养殖和森林游憩等非木质资源开发与利用，科学发展林下经济，实现保护和利用的协调统一。要完善森林生态效益补偿资金使用方式，优先将有劳动能力的贫困人口转成生态保护人员。

（二）推进建立流域上下游生态补偿制度

推进流域上下游横向生态保护补偿，加强省内流域横向生态保护补偿试点工作。完善重点流域跨省断面监测网络和绩效考核机制，对纳入横向生态保护补偿试点的流域开展绩效评价。鼓励地方探索建立资金补偿之外的其他多元化合作方式。

（三）发展生态优势特色产业

按照空间管控规则和特许经营权制度，在严格保护生态环境的前提下，鼓励和引导地方以新型农业经营主体为依托，加快发展特色种养业、农产品加工业和以自然风光和民族风情为特色的文化产业和旅游业，实现生态产业化和产业生态化。支持龙头企业发挥引领示范作用，建设标准化和规模化的原料生产基地，带动农户和农民合作社发展适度规模经营。

（四）推动生态保护补偿工作制度化

出台健全生态保护补偿机制的规范性文件，明确总体思路和基本原则，厘清生态保护补偿主体和客体的权利义务关系，规范生态补偿标准和补偿方式，明晰资金筹集渠道，不断推进生态保护补偿工作制度化和法制化，为从国家层面出台生态补偿条例积累经验。

三、工作程序

（一）确定生态综合补偿试点县

在国家生态文明试验区、西藏及四省藏区、安徽省，选择50个县（市、区）开展生态综合补偿试点（具体省份及试点县名额见附件）。试点县应在全国重点生态功能区范围内，优先选择集中连片特困地区和生态保护补偿工作基础较好的地区。省级发展改革委按照确定的名额和要求做好试点县的筛选工作，在本方案印发1个月内，将试点县名单及选择依据报国家发展改革委。国家发展改革委根据上报材料，印发生态综合补偿试点县名单。

（二）报送生态综合补偿实施方案

省级发展改革委组织各试点县结合本地实际编制实施方案，系统梳理和总结现阶段生态保护补偿资金的使用情况和问题，按照因地制宜、有所侧重的原则，确定本地试点任务重点，研究提出创新生态补偿方式的主要思路和政策措施，明确开展生态综合补偿试点的主要目标和重点工作，在试点名单印发3个月内将实施方案报国家发展改革委。

（三）做好试点工作的组织

各试点县人民政府是试点工作的实施主体，要明确部门工作职责，做好试点政策宣讲和工作督导，确保试点工作稳妥有序推进。要建立试点工作领导小组，做好试点的组织协调，研究解决突出问题。要及时总结生态综合补偿试点经验，每年向省级发展改革委报送有关情况。要做好试点工作风险防控，制定风险预估预判方案，建立健全风险防控机制。

（四）多渠道筹集资金加大对试点工作的支持

生态保护与建设中央预算内投资要将试点县作为安排重点，与相关领域生态补偿资金配合使用，共同支持试点县提升生态保护能力和水平。要进一步加大对西藏及四省藏区试点县的支持力度，尽快增强区域发展的内生动力。加强与国开行、农发行、亚行、世行等国内、国际金融机构的沟通与对接，推广产业链金融模式，加大对特色产业发展的信贷支持。

四、保障措施

（一）加强组织领导

有关省（区、市）人民政府要高度重视生态综合补偿试点工作，省级发展改革委要牵头做好试点工作，及时协调解决试点中的突出问题，定期向国家发展改革委报送试点情况，确保本省（区、市）生态综合补偿试点工作稳妥有序推进。省级自然资源、生态环境、水利、农业农村、林草等行业主管部门要加强对试点工作的业务指导，进一步加大政策、资金和项目的支持力度。国家发展改革委要加强政策协调，定期召开生态保护补偿部际联席会议，统筹研究解决生态综合补偿工作中的重大问题，协调有关部门共同加强对生态综合补偿试点工作的指导。

（二）做好试点评估

省级发展改革委要加强对试点工作的动态跟踪和工作督导，组织试点县定期上报进展情况，研究落实支持政策措施。要引入第三方对生态综合补偿试点工作的进展情况进行绩效评估，并将评估结果作为中央资金安排的重要依据。国家发展改革委在试点结束后，系统总结各地试点经验和成效，形成生态综合补偿试点工作总结报告和政策建议，上报国务院。

（三）加强宣传引导

加强生态综合补偿试点政策解读和舆论引导，统一各方思想认识，及时回应社会关切。通过召开现场会、新闻发布会、展览展示等形式，利用报刊、网络、广播、电视等媒介，宣传推广各地的好经验好做法，充分发挥试点示范效应。积极引导各类社会主体参与生态补偿工作，营造全社会投身生态保护工作的良好氛围。

附件：生态综合补偿试点省（自治区）及试点县名额

附件

生态综合补偿试点省（自治区）及试点县名额

序号	省（自治区）	试点县名额
1	安徽	5
2	福建	5
3	江西	5
4	海南	5
5	四川	5
6	贵州	5
7	云南	5
8	西藏	5
9	甘肃	5
10	青海	5

附录 2 国家发展改革委《关于印发生态综合补偿试点县名单的通知》

安徽省、福建省、江西省、海南省、四川省、贵州省、云南省、西藏自治区、甘肃省、青海省发展改革委：

你们上报的生态综合补偿试点县名单的报告收悉。经研究，现将有关事项通知如下。

原则同意你们上报的生态综合补偿试点县名单。现将确认后的生态综合补偿试点县名单印发你们，具体名单见附件。

要按照国家发展改革委《关于印发〈生态综合补偿试点方案〉的通知》要求，扎实做好试点组织工作。充分认识开展生态综合补偿工作的重要意义，加强督促指导，做好组织协调，确保试点工作稳妥有序推进。组织试点县做好实施方案的编制工作，在本通知印发的 3 个月内将实施方案报我委。及时协调有关部门解决试点中的突出问题，定期向我委报送试点情况，确保试点工作质量和效果。

附件：生态综合补偿试点县名单

国家发展改革委

2020 年 2 月 12 日

附件

生态综合补偿试点县名单

省（自治区）	试点县	省（自治区）	试点县
安徽省	六安市金寨县	贵州省	遵义市赤水市
	池州市石台县		铜仁市江口县
	安庆市岳西县		黔南布依族苗族自治州荔波县
	黄山市歙县		毕节市威宁彝族回族苗族自治县
	黄山市休宁县		黔南布依族苗族自治州雷山县
福建省	三明市泰宁县	云南省	迪庆藏族自治州香格里拉市
	南平市武夷山市		迪庆藏族自治州维西傈僳族自治县
	宁德市寿宁县		怒江傈僳族自治州贡山独龙族怒族自治县
	福州市永泰县		大理白族自治州剑川县
	漳州市华安县		丽江市玉龙纳西族自治县
江西省	赣州市石城县	西藏自治区	日喀则市定日县
	吉安市井冈山市		山南市隆子县
	抚州市资溪县		昌都市类乌齐县
	宜春市铜鼓县		那曲市嘉黎县
	上饶市婺源县		阿里地区札达县
海南省	五指山市	甘肃省	甘南藏族自治州玛曲县
	昌江黎族自治县		甘南藏族自治州迭部县
	琼中黎族苗族自治县		甘南藏族自治州卓尼县
	保亭黎族苗族自治县		张掖市肃南裕固族自治县
	白沙黎族自治县		武威市天祝藏族自治县
四川省	阿坝藏族羌族自治州汶川县	青海省	果洛藏族自治州玛沁县
	阿坝藏族羌族自治州若尔盖县		玉树藏族自治州玉树市
	阿坝藏族羌族自治州红原县		黄南藏族自治州泽库县
	甘孜藏族自治州白玉县		海北藏族自治州祁连县
	甘孜藏族自治州色达县		海西蒙古族藏族自治州天峻县

附录3　国家发展改革委《关于生态综合补偿试点工作总结的报告》

按照党中央、国务院的部署和要求，为推动健全我国生态保护补偿机制，提高补偿资金使用效益，加大对生态保护主体的补偿力度，国家发展改革委会同有关部门于2019年启动实施生态综合补偿试点，在安徽、福建、江西、海南、四川、贵州、云南、西藏、甘肃、青海等10个省（自治区）的50个试点县探索生态综合补偿的有效方式。三年来，国家发展改革委与10省（自治区）精心组织、共同推进，试点区广大干部群众锐意创新、攻坚克难，推动试点工作取得了一定的成效，积累了一批可供复制推广的经验。现将有关情况报告如下。

一、生态综合补偿试点工作取得的成效

试点地区按照《生态综合补偿试点方案》（以下简称《试点方案》）的总要求，认真履行工作责任，创新重要生态系统保护补偿方式，推动区域绿色产业转型发展，加快生态保护补偿工作制度化进程，提升自然生态系统保护水平，促进生态保护与经济发展实现良性互动。

（一）森林生态保护补偿力度显著提升，保护水平有效改善

试点期间，国家财政年均安排试点地区森林生态保护补偿资金6.7亿元，将5 600多万亩公益林纳入补偿范围，惠及当地130余万农户。在试

168

点工作的推动下，试点地区结合公益林保护的实际需要，着力提高公益林补偿标准，创新差异化补偿方式，拓宽补偿资金筹集渠道，加快建设专职管护队伍。海南省保亭县、五指山市将公益林补偿标准提高到每亩28元以上，比中央财政亩均补助标准增加了12元。云南省剑川县根据管护成效、资源增长等情况，设置差异化的补偿标准，调动林农护林爱林的积极性。江西省井冈山市、福建省永泰县分别从旅游收入、水力发电收入中提取一定比例的资金，加大对自然保护区等重点区位公益林的补偿力度。西藏、青海等地不断增设专职护林员，为当地农牧民群众特别是原建档立卡贫困户提供稳定的就业渠道和增收途径。在各方的共同努力推动下，试点地区森林生态系统呈现良性增长态势，生态保护的主动性和积极性明显增强。

（二）流域生态保护补偿机制加快推进，水质环境持续好转

试点地区以饮用水水源地保护为重点，切实加快流域生态保护补偿机制建设，打造区域联动、分工协作、成果共享的生态保护新格局。三年来，共建立8个跨省流域横向补偿机制、143个市县层面的补偿机制，中央财政累计安排14亿元补助奖励资金，省级财政安排19亿元。在试点工作的推动下，试点地区积极探索市场化、多元化生态保护补偿，通过产业帮扶、特许经营等多种方式，努力实现上下游合作共赢。安徽省合肥市与金寨县加快建立结对帮扶机制，推动共建蔬菜基地3.5万亩，惠及群众4500人，助力流域水环境保护。海南省保亭县将赤田水库建设运营权交由下游三亚市开展，多措并举解决水源地保护问题。安徽省黄山市与浙江省杭州市，依托新安江流域补偿机制，共同推动建设杭黄毗邻区块生态文化旅游合作先行区，实现利益共享。同时，试点地区在支持与奖励、考核与评价等方面不断探索有效经验。四川省制定流域横向补偿奖励政策，加大省级财政对建立地区间生态保护补偿机制的支持。福建省按照水环境质量、森林生态和用水总量控制三类因素统筹分配补偿资金，形成流域生态保护整体考评体系。

（三）绿色产业转型发展不断加快，产业结构得到优化

试点县立足当地生态优势和资源禀赋，大力推动生态特色产业发展，打造具有当地特色的产业品牌，构建利益联结机制，让当地群众共享生态保护成果。三年试点期间，国家发展改革委累计安排中央预算内投资 5.2 亿元，在试点地区实施 22 个生态综合补偿项目，支持产业园区基础设施建设项目，为绿色产业发展"筑巢引凤"；支持生态文化旅游产业，持续完善旅游产品体系；支持特色养殖行业发展，推动畜牧业等特色产业转型升级。在中央预算内投资的支持下，试点项目有效带动地方和社会资金近 30 亿元，新增 2 万多个就业岗位，在促进当地生态环境保护、增强区域发展能力、带动群众增收致富等方面发挥了重要作用。甘肃、云南等省在试点项目的有力带动下，积极筹措社会资金加快发展生态文化旅游业、中药材等特色产业，不仅解决了当地群众的就业增收，实现了产业结构的提档升级，更为重要的是转变了当地过度利用自然资源的生产方式，实现了"发展一小片、保护一大片"的目标。

（四）生态保护补偿制度化水平不断提高，有效性明显增强

试点地区在法治化建设上求突破、在优化资金管理上作文章，在完善重点领域机制上下功夫，出台了一系列生态保护补偿领域的法规和规范性文件，有力提升了生态保护补偿工作的制度化水平。海南省开展立法实践探索，出台首个省级层面生态保护补偿法规《海南省生态保护补偿条例》。江西省资溪县、石城县制定出台生态保护补偿资金管理办法，统筹整合不同层级、不同类型、不同领域的生态保护资金，加快构建多元化的投入机制。福建省在自然保护地补偿领域先行先试，出台《建立武夷山国家公园生态补偿机制实施办法（试行）》。海南省五指山市印发《五指山市探索建立水权制度试点实施方案》，着力解决流域补偿机制实施过程中水量价值未得到充分体现的问题。甘肃省出台《甘肃省（玛曲段）跨境流域生态补偿实施办法》，明确补偿标准、考核办法、出资及监管模式，保障流域生态补偿长期有效实施。

二、经验做法

试点工作开展以来，地方按照《试点方案》要求，切实加强组织领导，有针对性地采取措施探索和创新，推动试点工作取得成效，积累了以下几

个方面的经验。

（一）各方重视、齐抓共管是确保试点顺利推进的基础

国家发展改革委高度重视试点工作，在启动阶段多次深入研究论证试点方案，认真听取有关部门和地方的意见，研究细化试点政策；在实施阶段多次召开试点工作推进会和现场会，组织试点地区交流典型经验，邀请专家做好政策解读，推进试点工作走深走实。同时，及时梳理形成多篇试点典型经验，在委官方网站、微信、微博等平台宣传推广，为全国其他地区提供示范样板。在国家发展改革委的大力支持和指导下，试点省份突出抓好试点任务落实，因地制宜提出创新补偿方式的主要思路和政策措施，明确开展试点的主要目标和重点工作；各试点县作为试点工作的实施主体，建立试点工作领导小组，明确部门工作职责，做好试点的协调实施，形成齐抓共管的工作机制，确保试点稳妥有序推进。

（二）目标清晰、任务明确是指导试点科学实施的关键

国家发展改革委会同有关部门印发《试点方案》，明确试点的指导思想、基本原则、工作目标及四个方面的重点任务。同时，为聚焦重点区域，综合考虑生态区位重要性、生态保护补偿工作基础等因素，制定印发《生态综合补偿试点县名单》，明确了试点实施范围。为科学指导地方做好试点工作，我们以试点实施方案编制为重要抓手，逐一指导试点县找准制约资金使用效益的关键问题，突出重点、有所侧重地开展试点探索。试点地区认真梳理补偿资金规模、来源和支出方向，分析当地特色产业发展优势，及时做好试点实施方案编制和修订等相关工作，明确试点工作的创新思路和具体举措，确保试点工作任务落实落地。

（三）政策有力、监管到位是保障试点取得实效的支撑

国家发展改革委大力支持和推动生态综合补偿试点工作，明确将试点工作纳入中央预算内投资支持范围，将带动作用强、辐射范围广、新增就业岗位多的领域确定为支持的重点。同时，制定生态综合补偿试点专项管理办法，对项目遴选、资金安排、工作流程、建设管理等做出具体规定，确保投资安排规范有序。切实加强项目事前审核和事中事后监管，督促地方认真核查项目情况，定期调度建设进展和投资执行情况，及时解决项目

建设中遇到的困难和问题。认真梳理试点项目进展，持续关注试点项目在支持产业园区建设、特色产业发展等方面发挥的作用，密切跟踪试点区域农民就业增收、产业优化调整等方面的情况，确保试点工作成效。

三、下一步工作

在试点工作取得积极成效基础上，要认真总结试点经验，推动做好全国生态综合补偿工作，加快建立生态保护补偿的长效机制。

一是扎实做好试点经验总结和推广。试点地区在实践中探索出了很多好的模式、办法，对于提升生态保护补偿政策效果起到了重要作用。我们将吸收提炼有关地方在三年试点工作中积累的丰富实践经验，汇总形成全国生态综合补偿试点典型案例汇编，在全国范围内宣传推广，为各地区开展生态综合补偿工作提供路径指引和经验借鉴。组织召开全国生态综合补偿试点工作总结会议，通报试点成效，交流试点经验做法，研究部署下一阶段工作。

二是推动做好全国生态综合补偿工作。按照中共中央办公厅、国务院办公厅印发的《关于深化生态保护补偿制度改革的意见》要求，为继续做好生态综合补偿工作，我们将加快研究制定关于开展全国生态综合补偿工作的通知，研究提出生态综合补偿的总体思路和政策建议，确定实施范围、主要目标、重点任务和保障措施。继续支持地方做好生态综合补偿工作，引导地方优化生态补偿资金使用方式，拓宽补偿资金筹集渠道，提升区域优质生态产品供给能力。

三是加快健全生态保护补偿长效机制。生态综合补偿工作是推动健全生态保护补偿机制的一项重要举措。要认真吸收借鉴生态综合补偿试点工作的成功经验，将其纳入正在制定的生态保护补偿条例，加快健全生态保护补偿机制，激励生态保护主体更好履行生态保护责任。加快出台生态保护补偿条例，为生态保护补偿机制建设提供坚实的法治保障，凝聚全社会共同参与生态保护的强大合力。